零基础

学做咖啡、奶茶和西点

王睿　张子桐　编著

扫码获取

◉ 教学视频
◉ 交流园地
◉ 职业拓展
◉ 好书推荐

SPM 南方传媒 ｜ 广东经济出版社

· 广州 ·

图书在版编目（CIP）数据

零基础学做咖啡、奶茶和西点 / 王睿，张子桐编著. — 广州：广东经济出版社，2024.6
ISBN 978-7-5454-9107-4

Ⅰ.①零… Ⅱ.①王… ②张… Ⅲ.①咖啡—配制②西点—制作 Ⅳ.①TS273②TS213.23

中国国家版本馆CIP数据核字（2024）第018086号

责任编辑：蒋先润
责任技编：陆俊帆
封面设计：王昕晔

零基础学做咖啡、奶茶和西点
LINGJICHU XUE ZUO KAFEI, NAICHA HE XIDIAN

出版发行：广东经济出版社 （广州市水荫路11号11～12楼）
印　　刷：珠海市国彩印刷有限公司
　　　　　（珠海市金湾区红旗镇永安一路国彩工业园）

开　本：730毫米×1020毫米　1/16		印　张：12	
版　次：2024年6月第1版		印　次：2024年6月第1次	
书　号：ISBN 978-7-5454-9107-4		字　数：202千字	
定　价：58.00元			

发行电话：（020）87393830　　　　　　　　编辑邮箱：286105935@qq.com
广东经济出版社常年法律顾问：胡志海律师　　法务电话：（020）37603025

　　职业技能培训是我国由人力资源大国向人力资源强国发展的重要载体，在以知识经济为主导的企业人力资源建设中发挥着越来越重要的作用。但在零基础条件下，学什么技术好，哪些技术是相对容易学会并且有发展前途的，是有心学一技之长的人必须思考的。俗话说，"三百六十行，行行出状元"，一个人要选好适合自己的道路和行业，就要科学、理智地选择要学习的职业技术。

　　笔者所在学校——深圳市第二职业技术学校，以习近平新时代中国特色社会主义思想为指导，全面贯彻党的教育方针，落实全国教育大会精神，坚持立德树人，坚持培育和践行社会主义核心价值观，把劳动教育纳入人才培养全过程，于2020年成功申报了广东省劳动教育基地。学校组织专业教师团队进行劳动课程研究与开发，确定了汽车运用与维修、物流服务与管理、中西餐烹饪、衍纸艺术、创客教育和丝网手工创作六大课程，并充分发挥专业优势，率先在最具特色的西餐烹饪专业进行了探索，编制出易懂、易学的劳动教育校本课程。该课程主要分为咖啡制作、奶茶制作和西点制作三个部分，从理论知识到技能操作，循序渐进地将食育、美育融入课程之中，推动劳动与文化融合，使学生在掌握咖啡、奶茶、西点制作技术的同时，亲身感受劳动的乐趣，培养了学生的动手能力和劳动观念。

　　《"十四五"职业教育规划教材建设实施方案》提出"加快建设新形态教材"，以推动数字化教材和教材配套资源建设，探索纸质教材的数字化改造，形成更多可听、可视、可练、可互动的数字化教材，建设一批编排方式科学、配套资源丰富、呈现形式灵活、信息技术应用适当的融媒体教材。基于此，我们专门组织编写了《零基础学做咖啡、奶茶和西点》，全书主要从咖啡制作、奶茶制作、西点制作三个部分进行讲解，通过图文结合的形式将制作过程详细

展现给广大读者。其中，第一部分"咖啡制作"包括咖啡基本认知、咖啡原料识别、咖啡冲调方式、咖啡萃取调制、咖啡拉花制作、咖啡设备维保六章内容；第二部分"奶茶制作"包括奶茶基本认知、奶茶原料识别、奶茶制作设备、港式奶茶制作、台式奶茶制作、卫生管理六章内容；第三部分"西点制作"包括西点基本认知、西点制作常用的设备与工具、西点制作常用原料、西点制作基本手法、各类西点制作五章内容。

《零基础学做咖啡、奶茶和西点》采用图文搭配解读的方式，让读者在轻松阅读的过程中了解和掌握咖啡、奶茶及西点的制作要领并学以致用。全书以精确、简洁的方式讲述重要知识点，满足了读者希望快速掌握咖啡、奶茶、西点制作要领的需求。本书既可作为培训用书，也适宜作为读者自学的参考读物。

由于笔者水平有限，书中难免有错漏或不足之处，敬请读者朋友批评指正。本书在编著过程中得到深圳市第三职业技术学校和姚家悦老师的大力支持，在此一并感谢！

编著者

2024 年 3 月

CONTENTS 目录

第一部分　咖啡制作

1

第二部分　奶茶制作

第三部分　西点制作

冲一份浓郁咖啡　咖啡制作教学视频
简单易学好上手

煮一杯香甜奶茶　奶茶冲煮教学视频
一看就会口味佳

做一盘美味西点　西点烘焙教学视频
拆解步骤跟着学

Keep learning 扫码学一技之长

做出令人怦然心动的
咖啡、奶茶和西点

新手交流园地　认识新朋友，分享新想法
发布你的幸福下午茶时刻

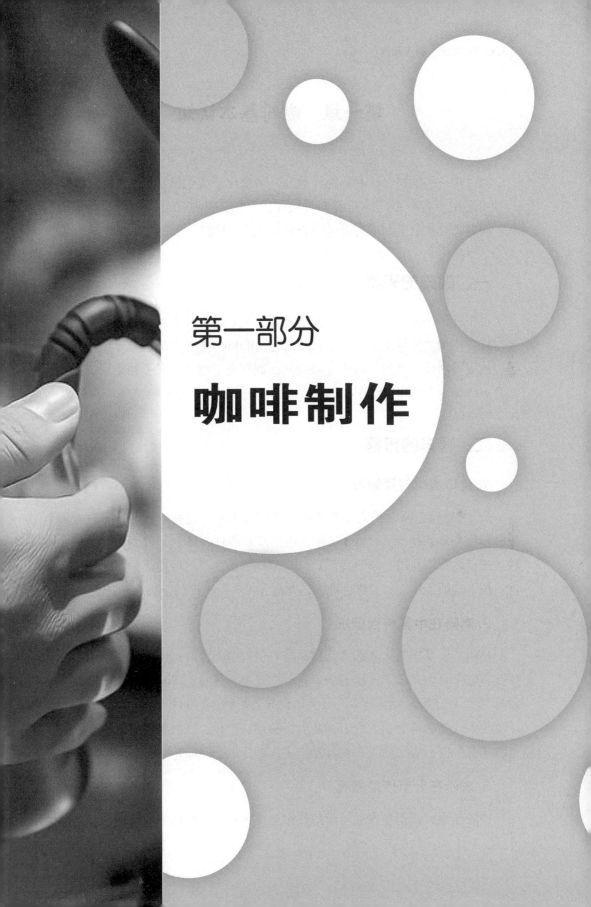

第一部分

咖啡制作

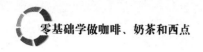

第一章　咖啡基本认知

咖啡是一种饮料、一种商品，也是一种文化。人们日常饮用的咖啡大多是用咖啡豆配合各种不同的烹煮器具制作出来的。其味苦，却有一种特殊的香气。而咖啡豆则是由咖啡树果实内的果仁经过一定的工艺制作而成。

一、咖啡的来源

小粒种咖啡树原产于非洲埃塞俄比亚，为热带雨林下层树种，具有耐荫蔽等特性。相传埃塞俄比亚有一个名叫柯迪（Kaldi）的牧羊人，他发现羊吃了咖啡豆后变得活泼、欢跳、精力充沛，从而制作出了咖啡，大多数专家、学者都同意咖啡诞生于埃塞俄比亚的咖法（Kaffa）地区这一说法。

二、咖啡的传播

1. 全球咖啡传播概况

公元6世纪，阿拉伯人开始栽种、食用咖啡豆，也有学者把咖啡豆栽培利用的年代和地点精确为公元575年在也门开始栽种。15世纪以后，咖啡豆才被较大规模地栽培利用，18世纪后，咖啡豆的种植生产已经广泛分布于非洲、亚洲、拉丁美洲等热带、亚热带地区，并成为世界三大饮料作物之一。

2. 咖啡在中国传播概况

1884年，英国商人从菲律宾将咖啡豆引入中国台湾；1893年，滇缅边民从缅甸将咖啡豆引入云南省德宏州瑞丽市户育乡弄贤寨；1904年，法国传教士将咖啡豆引入云南省大理州宾川县平川镇朱苦拉村；1908年，华侨从马来西亚、印度尼西亚将咖啡豆引入海南；此后，福建、广东、广西等地先后从东南亚引进咖啡豆种植，从此开创了中国咖啡豆早期引种栽培的新纪元。

3. 咖啡在云南传播概况

1952年春，云南省农业科学院热带亚热带经济作物研究所在保山专区潞西县遮放镇傣族边民庭院发现咖啡树，同年冬将咖啡树随研究所搬迁引进保山市潞江坝，并向全省及周边地区传播，从此开创了中国咖啡科学研究与产业化发展的新纪元。

三、咖啡豆产区的分布

1. 全球的咖啡豆产区分布

咖啡豆由原产地向世界各地扩散，到18世纪后，咖啡豆已广泛分布于亚洲、非洲、拉丁美洲、大洋洲等热带、亚热带地区。从世界咖啡豆产区来看，种植咖啡豆的国家和地区有76个，主要分布在南、北回归线之间，少数可延伸到南、北纬度26°以上的亚热带飞地。

2. 中国的咖啡豆产区分布

中国自20世纪50—60年代建成海南中粒种咖啡豆生产出口基地和云南小粒种咖啡豆生产出口基地。目前，中国咖啡豆产区主要分布在云南、四川、海南三省，少量分布在广东、广西、福建；2016年，西藏墨脱县开始试种咖啡豆，贵州赤水市于2017年开始试种。

3. 云南的咖啡豆产区分布

云南省的咖啡豆产区主要分布在保山、普洱、德宏、临沧、西双版纳、红河、文山、大理、怒江9个州（市）的34个县（市、区），主要集中在与越南、老挝、缅甸接壤的边境地区，咖啡豆种植是边疆少数民族地区农民增收致富的重要产业。

四、咖啡的主要成分

咖啡主要由咖啡因、丹宁酸、脂肪、蛋白质、糖、纤维及矿物质等成分组成，如表1-1所示。

表1-1　咖啡的主要成分

序号	成分	具体说明
1	咖啡因	苦味大部分来自它，刺激中枢神经系统、心脏和呼吸系统；适量的咖啡因亦可减轻肌肉疲劳，促进消化液分泌；它会促进肾脏机能，有利尿作用，帮助人体将多余的钠离子排出体外，但摄入过多会导致咖啡因中毒

续表

序号	成分	具体说明
2	丹宁酸	咖啡煮沸后，其所含的丹宁酸会分解成焦梧酸，所以冲泡过久冷却后的咖啡味道会变差
3	脂肪	其中最主要的是酸性脂肪及挥发性脂肪。酸性脂肪即脂肪中含有酸，其强弱会因咖啡种类不同而异；挥发性脂肪是咖啡香气的主要来源，它是一种会散发出约四十种芳香的物质
4	蛋白质	卡路里的主要来源，所占比例并不高。在煮咖啡时，咖啡中的蛋白质多半不会溶出来，所以饮用咖啡所能摄取到的蛋白质有限
5	糖	生咖啡豆所含糖分约占比为8%，经过烘焙后大部分糖分会转化成焦糖，使咖啡呈褐色，并与丹宁酸互相结合产生甜味
6	纤维	生咖啡豆的纤维烘焙后会炭化，与焦糖互相结合便形成咖啡的色调
7	矿物质	含有少量石灰、铁、磷、碳酸钠等

五、饮用咖啡的礼节

（1）咖啡杯拿法：在餐后饮用的咖啡，一般都是用袖珍型的杯子盛出，用拇指和食指捏住杯把儿再将杯子端起。

（2）咖啡加糖方式：给咖啡加糖时，白砂糖可用咖啡匙舀取，直接放入杯内。

（3）咖啡匙的使用：咖啡匙是专门用来搅拌咖啡的，饮用咖啡时应当把它取出来。

（4）杯碟的使用：盛放咖啡的杯碟都是特制的，它们应当放在饮用者的正面或者右侧，杯耳应指向右方。

（5）喝咖啡与吃点心：喝咖啡时应当放下点心，吃点心时则应放下咖啡杯。

第二章　咖啡原料识别

制作咖啡的主要原料当然是咖啡豆，但是为了满足不同人群的口感，制作师也常常会用到牛奶、方糖、奶油、巧克力等食材。

一、咖啡豆

咖啡豆是制作咖啡的最重要原料。

1. 咖啡豆的分类

咖啡豆可以分为阿拉比卡豆、罗布斯塔豆和利比里卡豆三大类。

（1）阿拉比卡豆（小粒豆）。阿拉比卡豆具有浆果和柑橘的香气，原产于埃塞俄比亚，易于栽种，产量也很高。目前，阿拉比卡咖啡的产量大约占世界咖啡总产量的65%。其于19世纪90年代传入中国云南大理，从此在云南栽培、发展，因此云南咖啡也被称为"云南小粒咖啡"。世界上最著名的阿拉比卡咖啡豆是来自牙买加蓝山、哥伦比亚苏帕摩、哥斯达黎加、危地马拉安提瓜和埃塞俄比亚西达莫的咖啡豆。

阿拉比卡咖啡豆被认为是风味极佳的咖啡豆，拥有优质的酸质和清新的花香。阿拉比卡咖啡豆是一个大类，它的底下还有许多子分类，如表2-1所示。

表2-1　阿拉比卡咖啡豆的分类

序号	分类	具体说明
1	铁皮卡（Typica）	阿拉比卡的原生品种，气味十分清新并带有花香，柑橘系的轻淡酸味和柔和的香味是其特征所在。铁皮卡的衍生品种大家很熟悉，如曼特宁、蓝山、云南小粒咖啡等
2	波旁（Bourbon）	阿拉比卡的原生品种之一，只不过是铁皮卡的突变种。波旁带有浓重的香气和层次丰富的酸味
3	瑰夏（Geisha）	产量很低，是非常贵重的品种，以强烈的香气和清爽的酸味为特征，充满个性的滋味受到许多人的关注
4	卡杜拉（Caturra）	身材矮小，是矮小种中具有代表性的波旁突变种，产于海拔较高之地，带有轻淡的酸味和浓度

续表

序号	分类	具体说明
5	蒙多诺沃 （Mundo Novo）	波旁种和曼特宁种的杂交品种，对环境的适应能力强，味道的平衡感也很出众
6	帕卡马拉 （Pacamara）	萨尔瓦多地区开发的大颗粒品种，带有清爽的酸味，产量相当稀少，因此广受关注
7	SL （Scott Lab）	波旁种和传家宝（Heirloom）种的杂交品种，肯亚明星咖啡，约90%的肯亚咖啡豆出口品种就是SL——气味甜美、风情万种
8	帕卡斯 （Pacas）	产量高，质量佳，在中美洲颇为流行，是波旁种的变种
9	象豆 （Maragogipe）	豆体比一般阿拉比卡豆至少大三倍，是世界上体积最大的咖啡豆，因而得名，它是铁皮卡最知名的变种之一。象豆很适应700～800米的低海拔区，但风味乏善可陈、毫无特色，甚至有土腥味，宜选1000米以上的稍高海拔地区种植，这样产出的象豆风味较佳，酸味温和，甜香宜人

（2）罗布斯塔豆（中粒豆）。罗布斯塔豆具有核桃、花生、榛果、小麦、谷物等风味，甚至会出现刺鼻的土味，原产于非洲的刚果。咖啡油脂会更丰富，也得益于罗布斯塔丰富的咖啡因，一般会用作速溶咖啡的原料。而有些意式拼配咖啡为了表现浓郁厚重的咖啡油脂，也会适量加入罗布斯塔咖啡豆。

（3）利比里卡豆（大粒豆）。利比里卡豆具有坚果、黑巧克力的厚重感和烟熏的香气。原产于非洲的利比里亚，栽培历史较前两种咖啡豆要晚。该种咖啡豆的产量约占全世界咖啡豆总产量的5%。由于它的味道比较特殊，香淡而酸味强，需求量低，因此产量较少。

2. 咖啡豆的烘焙

生咖啡豆本身没有任何咖啡的香味，只有在炒熟了之后，才能够闻到浓郁的咖啡香味。所以咖啡豆的烘焙是咖啡豆内部成分的转化过程，只有经过烘焙之后产生了能够释放出咖啡香味的成分，我们才能闻到咖啡的香味。

咖啡豆的烘焙方式大致分为浅烘焙、中烘焙、城市烘焙和深度烘焙4种，具体如图2-1所示。

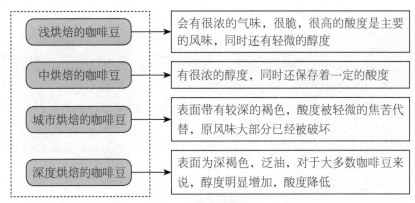

图 2-1　咖啡豆的烘焙方式

而专业的咖啡豆烘焙方式通常分为表2-2所示的8个阶段。

表 2-2　专业咖啡豆烘焙阶段

序号	阶段	烘焙程度	具体说明
1	极浅烘焙	极浅度烘焙	所有烘焙阶段中最浅的烘焙度，咖啡豆的表面呈淡淡的肉桂色，其口味和香味均不足，此状态几乎不能饮用，一般用在检验上，很少用来品尝
2	浅烘焙	浅度烘焙	一般的烘焙度，外观上呈现肉桂色，臭青味已除，香味尚可，酸度强，为美式咖啡常采用的一种烘焙程度
3	中浅烘焙	中度烘焙	中度的烘焙火候，与浅烘焙同属美式的烘焙，除酸味外，亦有苦味，口感不错，香度、酸度、醇度适中，常用于混合咖啡的烘焙
4	中烘焙	中度微深烘焙，又名浓度烘焙	烘焙度稍强于中浅烘焙，表面已出现少许浓茶色，苦味亦变强了，咖啡味道为酸中带苦，香气及风味皆佳，深受日本、中欧人士所喜爱
5	中深烘焙	中深度烘焙，又名城市烘焙	最标准的烘焙度，苦味和酸味达到平衡，常被使用在法式咖啡中
6	深烘焙	深度烘焙，又名深城市烘焙	较中深烘焙而言，其烘焙度稍强，颜色变得相当深，苦味比酸味重，属于中南美式的烘焙法，极适用于调制各种冰咖啡
7	重烘焙	重度烘焙，又名法式或欧式烘焙	表面呈浓茶色带黑，酸味已感觉不出，在欧洲尤其是法国最为流行，因脂肪已渗透至表面，带有独特香味，很适合欧蕾咖啡、维也纳咖啡
8	极度深烘焙	极深度烘焙，又名意式烘焙	烘焙度在炭化之前，有焦煳味，主要流行于拉丁美洲国家，适合快速咖啡及卡布奇诺，多数使用在意式咖啡中

3. 咖啡豆的研磨

将烘焙后的咖啡豆粉碎的作业叫研磨。

（1）咖啡豆的研磨方法。咖啡豆的研磨方法根据其研磨出来的大小可以分为粗研磨、中研磨与细研磨三种。这要依据咖啡研磨器具不同而使用合适的研磨方法。

研磨咖啡豆的时候，粉末的粗细要视烹煮的方式而定。烹煮的时间越短，研磨的粉末就要越细；烹煮的时间越长，研磨的粉末就要越粗。

（2）咖啡豆的研磨原则。一般而言，好的研磨方法应包含4个基本原则，如图2-2所示。

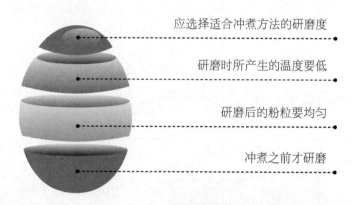

应选择适合冲煮方法的研磨度

研磨时所产生的温度要低

研磨后的粉粒要均匀

冲煮之前才研磨

图2-2　咖啡豆的研磨原则

（3）咖啡豆的研磨设备。研磨咖啡豆的磨豆机有各种不同的品牌与型号，比较理想的是能够调整磨豆粗细的研磨机。用磨豆机研磨咖啡豆时，不要一次磨太多，够一次使用的分量就好了，因为磨豆机一次使用越久，越容易发热，这会间接使咖啡豆在研磨的过程中被加热而导致芳香提前释放出来，从而影响烹煮后咖啡的香醇口感。

咖啡豆中含有油脂，因此磨豆机在研磨之后一定要清洗干净，否则油脂积垢时间久了会产生陈腐味，即使是再高级的咖啡豆，在这种情况下也会被磨成怪味粉末。磨豆机在每次使用完毕后，一定要用湿布擦拭刀片和机台，并用温水清洗塑料顶盖。

小提示

研磨咖啡豆最理想的时间，是在准备烹煮之前。因为咖啡豆磨成粉后容易氧化而散失香味，尤其在没有妥善的储存条件之下，咖啡粉还容易变味，自然无法烹煮出香醇的咖啡。

相关链接

咖啡豆的不同研磨度

不同的咖啡冲煮器具因为其萃取方式的差异，所使用的咖啡豆研磨程度也有所不同。以我们最常接触的手冲咖啡、法压壶、意式咖啡机、冷萃冰滴为例，其使用的咖啡豆研磨程度由粗到细排列依次为法压壶＞手冲咖啡＞冷萃冰滴＞意式咖啡机。

虽然我们明白哪些类型的萃取方式要求的咖啡豆研磨度应较粗，哪些类型的萃取方式要求的咖啡豆研磨度应较细，却无法确定准确的数值，即到底较粗的多粗、较细的多细，还有这个"较"到底是与什么比较呢？

虽然各家的咖啡冲煮标准各显神通，但有一个标准是咖啡业内公认的，那就是杯测。杯测最初的目的是检验生咖啡豆的品质。杯测的咖啡研磨度为20号中国标准筛网通过率为70%～75%。

20号中国标准筛网的孔径为0.85毫米，是用于对物质颗粒的粒度分级、粒度检测的工具，只要符合出厂标准的筛网都是合格的。咖啡研磨校准也非常简单，只要把研磨好的咖啡粉倒入筛网内，盖上盖子，水平摇晃，直到没有颗粒掉落为止，然后称重通过筛网的颗粒，这样就能知道研磨的粗细程度了。例如，研磨好的20克咖啡粉，通过15.2克，那么这个研磨度就为20号中国标准筛网通过率76%。通过率越高，咖啡豆的研磨度越细。

既然杯测可以依靠标准筛网进行校准确定研磨度，那么我们平时所使用的咖啡冲煮器具所对应的研磨度也可以用数据清晰地罗列出来。

1. 法压壶（20号中国标准筛网通过率为68%～75%）

法压壶的萃取方式与杯测非常相似，都是以浸泡为主，因此选用的研磨程度与杯测高度重合，选择较粗的研磨颗粒还有一层原因，就是因为法压过滤是使用金属滤网，那缝隙肉眼可见，选择较粗的研磨颗粒也是为了更好地过滤。不同烘焙程度的咖啡豆研磨粗细也有所不同，中浅烘焙的咖啡豆可以选择较细的研磨度（通过率为72%～75%），中深烘焙的咖啡豆可以选择较粗的研磨度（通过率为68%～71%）。

2. 手冲咖啡（20号中国标准筛网通过率为70%～80%）

手冲咖啡以滴滤式为主，这种咖啡不同于浸泡式的，时间长风味容易受到影响，其冲泡的时间短，通常为1分30秒至2分30秒。因此，需要比杯测的研磨度更细，才能充分表现出咖啡的风味。同样，不同烘焙程度的咖啡豆所需的粗细程度亦不一样。中浅烘焙的咖啡豆研磨较细（通过率为75%～80%），中深烘焙的咖啡豆研磨较粗（通过率为70%～75%）。

3. 冷萃冰滴（20号中国标准筛网通过率为80%～85%）

冷萃冰滴因为均使用冷水萃取，渗透能力差，故萃取效率非常低。因此，需要把咖啡豆研磨得更细，但切记不是越细越好，过细的研磨会使冷萃咖啡变浑浊，也会增加过滤的难度，还会使冰滴咖啡的粉层积水，无法顺利通过。因此研磨度为20号中国标准筛网通过率80%～85%较为适宜，如果想咖啡浓郁点儿就选择通过率85%，想更清爽就选择通过率80%。

注意：因为咖啡豆的密度、烘焙程度不一样，就算同一台研磨机同一个刻度研磨两款密度差异大的咖啡豆，研磨出的咖啡颗粒粗细也不一定一样。比如使用EK-43s刻度10研磨耶加雪菲咖啡豆的通过率为80%，而同样是刻度10研磨哥伦比亚玫瑰谷的通过率则为75%。因此，觉得研磨粗细度有问题时，最好用同一种咖啡豆去确认研磨度。

4. 意式咖啡机

意式咖啡机所使用的研磨度是非常细的，使用筛网过筛并不现实，确定意式咖啡机所使用的咖啡豆研磨度主要是通过萃取测试。咖啡店每天营业前都要调试咖啡机，其中主要就是调整研磨度。由于咖啡机对于咖啡粉的粗细度是非常灵敏的，可能相差0.1格的研磨刻度，萃取的时间与风味都会有明显的区别。

　　因此确定意式咖啡机的研磨度需要一个稳定的浓缩咖啡萃取方案，比如意式萃取方案为20克咖啡粉在28秒萃取40克咖啡液（误差为1克左右），先将这个萃取方案固定了，再通过调整研磨度来达到这个萃取方案，之后再通过品尝风味来决定是否需要微调参数。

4. 咖啡豆的选择

　　咖啡豆是从咖啡树上采摘下来的。不同的地区不同的气候，所生产的咖啡豆的味道也是不一样的。我们可以根据自己的喜好和需求来选择咖啡豆，用专门的机器将咖啡豆研磨成咖啡粉，然后将其过滤，这样才能冲泡出一杯好喝的咖啡。

　　咖啡的生命就是咖啡豆的新鲜度。判定咖啡豆的新鲜有如图2-3所示的技巧。

图2-3　咖啡豆的选购技巧

　　（1）闻。将咖啡豆靠近鼻子，深深地闻一下，看是不是可以明显地闻到咖啡豆的香气，如果是的话，代表咖啡豆够新鲜。相反，若是香气微弱，或是已经开始出现油腻味（类似花生或是其他坚果放久了会出现的味道），表示咖啡豆已经完全不新鲜了。这样的咖啡豆，无论你花多少心思去研磨、冲煮，也不可能制作出一杯好的咖啡。

　　（2）看。将咖啡豆倒在手上摊开来看，看豆子的颜色和颗粒大小是否一致，好的咖啡豆外观明亮有光泽。

　　（3）剥。拿一颗咖啡豆，试着用手剥开看看，如果咖啡豆够新鲜的话，可以很轻易地剥开，而且会有脆脆的声音。若是咖啡豆不新鲜，你会发现必须很费力才能剥开一颗咖啡豆。

　　把咖啡豆剥开还可以看出烘焙时的火力是否均匀。如果均匀，豆子的表层和里层的颜色应该是一样的。如果表层的颜色明显比里层的颜色深很多，则表

示烘焙时的火力可能太大了，这对咖啡豆的香气和风味会有一定影响。

（4）捏。用手捏捏，感觉一下是否实心，以免买到不饱满或变质的咖啡豆。

（5）嚼。选购时，最好拿一两颗咖啡豆在嘴里嚼一嚼，要清脆有声（表示咖啡豆尚未受潮）、齿颊留香才是上品。咖啡豆失去香味或有陈味时，表示这个咖啡豆已经不新鲜了，不适合购买。

5.咖啡豆的保存

（1）烘焙过的咖啡豆。烘焙过的咖啡豆很容易因接触空气中的氧气产生氧化作用，使得所含的油脂劣化，芳香味逐渐挥发消散。同时，温度、湿度、日照等环境因素也会加速其变质。高温容易挥发掉咖啡的香气与咖啡豆内部的优良物质，所以需要尽可能地将咖啡豆储存在密闭、低温、避光的地方。

> 咖啡豆的新鲜度是咖啡的生命，所以选择放置新鲜咖啡豆的仓库要清洁，没有旧豆残留，日光直射不到，非高温环境。

（2）已开封的咖啡豆。如果是已开封的咖啡豆需要用密闭的罐子或者专用的密封条进行封存，然后将其放在阴凉、干燥的地方保存。

（3）未开封的咖啡豆。如果是未开封的咖啡豆建议放进冰箱里面，因为温度降低会减慢咖啡豆的氧化速度。也适合保存于阴凉、通风良好的环境，温度宜为18℃～22℃。尽量不要置于太干燥（相对湿度54%以下）之处。

咖啡豆保存注意事项

1.不要以咖啡粉形式保存

咖啡豆磨成粉之后，由于跟空气的接触面大幅增加，氧化速度非常快，其新鲜度很快会丧失殆尽，咖啡原有的香醇风味就会渐渐消失。新鲜出炉的咖啡豆磨成粉，两三天之内风味就全变了。所以，不要将咖啡豆磨成粉来保存。

2.不要直接放冰箱保存，可密封放入

冰箱里的低温固然可以减缓咖啡豆的自然变质，是良好的储存场所，但是，冰箱里的空气冷而干燥，容易蒸发咖啡豆内的水分，使得香味流失，再加上冰箱里的杂味太多，所以，只有用真空容器来保存咖啡豆比较适合，这样可以隔离冰箱内其他食物杂味，同时防止水分流失。如果不用真空容器，咖啡豆不宜放冰箱保存。

同时，由于从低温到常温环境而自然形成的冷凝水会使咖啡豆受潮，所以一旦将咖啡豆拿出来化冻，就不要再次冷冻保存，因为咖啡豆在解冻过程中会吸收水分，凝结的水会使咖啡豆加速丧失风味口感。

3.可使用直立式容器

新鲜咖啡豆所释放出的二氧化碳会存留在容器的底部，形成抗氧化层，借以保护咖啡豆。并且，容器最好能直立放置，以防止容器内的二氧化碳流失。由此可见，直立式、瘦高型且开口向上的容器比较适合用来保存咖啡豆。

4.可使用独立的真空罐

这种真空罐都会附有一种机制，可以将罐内的空气抽光，形成真空状态。绝对的真空状态是指没有氧气与水汽，真空罐是储存咖啡豆的绝佳选择。

咖啡豆对于异味的吸附能力十分强，尤其是精品咖啡豆。异味不仅指臭味、腐败味等，对于咖啡来说，茶味、奶味等也是异味。所以，咖啡豆必须单独保存，不能与其他物品混装，包括不同品种的咖啡豆，也不宜放置在同一个真空罐内。

二、牛奶

对于有些消费者来说，特别苦的原味咖啡是喝不习惯的，但是又特别想感受咖啡带来的一些味觉和精神上的冲击，所以这时候就可以在咖啡里面加入一些牛奶，冲调出一杯口味较淡且不是那么苦的咖啡。这样的话，消费者既可以感受咖啡的香气，又不会因为太浓郁的苦味而望而生畏。

最早将咖啡与牛奶混合在一起饮用的，据说是1660年荷兰驻印尼巴达维雅城总督尼贺夫。他从饮用英国奶茶中获得灵感，于是尝试在咖啡中加入牛奶，没想到加入牛奶后的咖啡喝起来更加滑润顺口，除了浓郁的咖啡香外，还有一股淡淡的奶香，风味犹胜奶茶。然而这种牛奶咖啡的喝法并未在他的故乡

荷兰流传开来，反而在法国大为流行，更是成为法国人早餐桌上不可或缺的饮料。

自然，牛奶的风味是否与现磨咖啡的风味配搭融洽也很重要。牛奶的风味关键在于喂养乳牛的精饲料，以及牛奶含脂量不同产生的口味上的变化。不可以简单地说巴氏鲜牛奶一定比高温杀菌的牛奶好喝，需要看实际的牛奶的质量。现磨咖啡风味的转变越来越多，因此，通常是明确现磨咖啡的风味后，再替它挑选一款适合搭配的牛奶。

总体而言，在如何选择牛奶方面，可以参考下面三点建议。

（1）脂肪含量越高的牛奶，其奶泡更绵密一些。一般来说，每100克常温乳的脂肪含量多为3.4～3.6克，而每100克鲜牛乳中脂肪含量最高可达3.8克。另外，鲜牛乳的奶泡相对密度、奶泡保持度要好于常温牛乳。因此，要想品尝一杯细密醇香的奶泡，就选脂肪含量高的鲜牛乳。

（2）蛋白质与脂肪含量都较高的牛奶会提高奶味。鲜牛奶的蛋白质含量总体小于常温牛乳。因此，要想品尝奶味较浓的牛奶，就选蛋白质含量相对较高的常温牛乳。

市面上三种脂肪含量的牛奶分别是全脂牛奶、半脱脂牛奶、脱脂牛奶。咖啡店用得最多的是全脂牛奶，其不仅奶泡稳定性高，而且醇厚度也是最高的。

（3）糖类与碳水化合物含量高的牛奶，其甜度相对高一些。鲜牛乳的糖类与碳水化合物含量总体高过常温牛乳，因此鲜牛乳的甜度总体高过常温牛乳。所以，要想品尝甜度高的牛奶，就选糖类与碳水化合物含量较高的鲜牛乳。

 相关链接

咖啡和牛奶怎么搭配

现在很多精品咖啡店都会使用阿拉比卡的咖啡豆制作奶咖，但其实咖啡的包容性是很大的，很多咖啡都可以搭配牛奶，只不过每个人喜好的味道和口感是不一样的，所以怎么搭配因人而异。

重点是，酸度高的咖啡可能不太适合添加牛奶，因为牛奶中的蛋白质遇到太酸的物质会变性，变性的结果就是影响口感和观感。

那么，一般情况下咖啡搭配什么牛奶比较合适呢？

全脂鲜牛奶。这是因为全脂鲜牛奶的营养价值更高，口感也更好，给人展现出来的味道很自然。而且，好的鲜牛奶更适合拉花，室温下奶泡的持久度更高，如用唯品鲜牛奶，搭配中深烘焙的咖啡豆。

咖啡搭配牛奶有哪些注意事项呢？

牛奶的温度很重要。千万不要把牛奶温度加热过高，温度过高会破坏牛奶原有的风味，一般建议温度50℃～60℃就行了。因为这个温度区间的牛奶香浓适口且奶泡质量稳定，营养物质保留较多，具有很高的甜度，可以增加一丝可口润滑的质感。

咖啡店常用的方式是先加入浓缩咖啡，再加入打发好的牛奶进行融合，但这对技术有一定要求。如果在家的话可以尝试反着来，先加入打发好的牛奶，然后再加入浓缩咖啡，喝之前搅拌均匀就好。

那么，应该注入多少牛奶呢？

牛奶和咖啡的比例没有一定的要求，不过可以有一个比例区间，就是咖啡和牛奶的比例最好在1∶5至1∶10，根据个人喜好再调整。

比如30克浓缩咖啡加上270克牛奶，这样搭配的话牛奶和咖啡的味道会比较均衡，既不会太浓，也不会太淡。

也可以尝试使用一些风味牛乳或者加入风味糖浆，比如冠军咖啡大师就喜欢加桂花风味牛乳和香草风味牛乳，这样做出来的咖啡会让人有意想不到的惊喜。

三、方糖

方糖也是一杯咖啡不可缺少的食材（如图2-4所示）。要想一杯咖啡的味道更好，是需要在里面加入一丝丝甜味的，这样使人更能感受到先苦后甜的滋味，让口腔里的味道更加富有层次感。所以在冲调咖啡的时候可以直接放上一块方糖。

图2-4　方糖

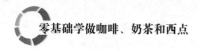

四、奶油

咖啡店里看上去颜值特别高的卡布奇诺，就是在咖啡表面加了一层奶油。消费者可以先吃掉上面的奶油再喝咖啡，也可以将奶油混合在咖啡里喝。不管是哪一种喝法，都可以给咖啡带来不一样的味道。用奶油和苦咖啡相碰撞，可以让消费者感受到不同的味道。

五、巧克力

现在有很多消费者更喜欢层次丰富、口味独特的咖啡，因此可以将巧克力液与咖啡粉混合，制作出美味的巧克力咖啡。这样制作出来的咖啡比较甜，更适合一些不喜欢苦味的消费者。

第三章　咖啡冲调方式

　　每一粒咖啡豆经过加工、烘焙和研磨之后，要把咖啡豆的美味最终呈现出来，关键还要看冲调的过程。常见的咖啡冲调方式有虹吸式冲调、水滴式冲调、滤纸式冲调、法压壶冲调、比利时壶冲调、摩卡壶冲调等。

一、虹吸式冲调

　　虹吸式的冲调方法是利用蒸汽压力的原理，使被加热的下壶中的水经由虹吸管和滤布向上流升，然后与上壶中的咖啡粉混合，而将其中的成分完全萃取出来。经过萃取的咖啡液，在移去火源后，再度流回下壶。

1. 冲调器具

　　虹吸壶、酒精灯（或瓦斯灯、电磁炉）、滤布、竹匙和调酒棒等，如图3-1所示。

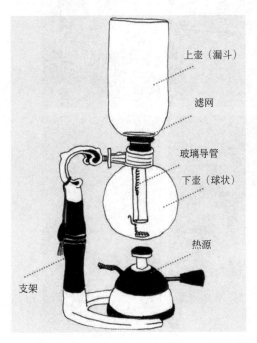

上壶（漏斗）

滤网

玻璃导管

下壶（球状）

热源

支架

图 3-1　虹吸式冲调器具

2.冲调步骤

以一杯咖啡为单位——咖啡粉15克、水110毫升,如图3-2所示。

(1)把滤布放入壶中,将其固定在中央,将过滤后的软水注入下壶。

(2)拉紧、固定弹簧,使滤布与壶具紧密结合。

(3)将适量的咖啡粉加入虹吸壶的上壶。

(4)开火将下壶的水加热至100℃,再将虹吸壶的上壶插入下壶。

(5)下壶的水会逐渐沿着虹吸管上升,当50%的水已经到达上壶时,可用竹匙将位于上壶的咖啡粉与水充分搅拌。当下壶的水完全上升到上壶时即可关火。

(6)等待40秒至1分钟,当上壶的咖啡液大部分流入下壶后,咖啡粉会呈现缓坡状山丘,此时即可拔开上壶,将上壶的咖啡液完全排出。

图 3-2　虹吸式冲调步骤

3. 冲调秘诀

（1）虹吸壶形状各异，选购时除随个人喜好外，要避免上壶底部太过宽敞，因为那样会使咖啡粉不易被充分浸泡。

（2）适用此冲调方式的咖啡豆颗粒属于中等粗细，约等于细白砂糖粒的大小。

（3）每杯咖啡约是15克咖啡粉配上110毫升的水。

（4）商用以瓦斯灯加热较快，等下壶水沸腾后，才将装有咖啡粉的上壶插入，这样不会影响咖啡风味。

（5）滤布使用过后一定要经过煮沸、洗净等处理，并将其放在加水的密封容器中，置于冰箱存放，这样做可以有效保护滤布的纤维，避免其受损耗或沾染其他异味。下壶水上升一半时，就该开始以竹匙搅匀上壶中的水和咖啡粉，若水一上升就冒大泡泡，应将火势调小。

（6）下壶水完全升到上壶后，轻轻搅匀，静待1分钟左右再移开热源。为了让咖啡粉浸泡的时间恰当，可在移开热源后以湿布擦拭下壶，让咖啡快速流下，保持最佳风味。

4. 冲调特点

（1）口感浓郁：兼具意式咖啡的浓郁、手冲咖啡的层次分明，适合用来冲调单品咖啡。

（2）器具美观：如同炼金术、科学实验般的冲调器具，放在室内也是一种另类的装饰。

（3）操作困难：由于水温过高时会让咖啡粉烧焦导致苦味、长时间的浸泡会产生涩味、过度搅拌会有酸味出现，所以，虹吸壶是具有相当经验的人才能够使用得当的工具。

二、水滴式冲调

水滴式冲调咖啡又称为荷兰咖啡。水滴式咖啡壶是19世纪初由巴黎大主教达贝洛发明的。

这种冲调咖啡的方法是使用冷水或冰水来萃取，让水以水滴状，以每分钟约40滴的速度，一滴一滴慢慢地萃取咖啡精华。由于速度极为缓慢，所以应选用深烘细研磨的咖啡粉来萃取。这种以长时间冲泡方式制作出来的咖啡，其所含的咖啡因极低,故而喝起来格外爽口。

1. 冲调器具

水滴式咖啡壶、滤纸等,如图3-3所示。

图 3-3 水滴式冲调器具

2. 冲调步骤

一般的操作比例是咖啡粉与水约1∶10,冲调步骤如下,如图3-4所示(部分步骤未配图)。

(1)先在上壶内放入冰块,再注入冷开水。不可直接注入沸腾的水。

(2)将滤纸固定在圆筒过滤器管中。

(3)放入咖啡粉,并轻压咖啡粉让表面平顺固定。

(4)把装好滤纸及咖啡粉的圆筒过滤器与过滤管安装妥当,以使过滤器固定于台架上。

(5)固定好圆筒过滤器后,接着把已装入冰块与冷开水的上壶也固定于台架上。

(6)调节点滴栓的滴水量,让水以每分钟约40滴的速度滴落,5～6个小时后大功告成。

图 3-4　水滴式冲调步骤

　　水滴式冲调方式冲调出来的咖啡，饮用时只要加入冰块即可；若想喝热咖啡，只要加热到一定温度即可，切勿将其煮沸。

3. 冲调秘诀

（1）控制滤纸的品质。若有破洞、污损甚至受潮就舍弃不用，以免影响咖啡风味。

（2）选取较细的咖啡粉。每杯咖啡 12 ～ 15 克的咖啡粉用量，放进过滤器后还要轻拍使粉末密实。

（3）在水滴式咖啡漫长的滴滤过程中，最好每隔一段时间检查一下滴滤速度，以避免因为滴滤速度较快或过慢而影响咖啡的风味。

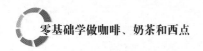
4. 冲调特色

（1）以水滴式冲调方式冲调出来的咖啡不酸涩，不伤胃。

（2）制作过程缓慢，往往要长达数小时之久。

三、滤纸式冲调

滤纸式冲调法也就是手冲式冲调，是最简单的冲调方法，主要通过选取的咖啡粉粗细、水温、焖蒸时间、流速等各方面来调节咖啡的风味。这是一种把影响咖啡风味的各方面因素充分控制在自己手中的咖啡冲调方式，其制作方法十分方便，在家、办公室或咖啡馆都可以亲自动手冲上一杯。

1. 冲调器具

咖啡杯、咖啡匙、手冲壶、滤杯、滤纸、量匙、透明玻璃壶等，如图3-5所示。

图 3-5　滤纸式冲调器具

2. 冲调步骤

滤纸式冲调咖啡步骤如图3-6所示（部分步骤未配图）。

（1）将专业过滤纸折好，正确地放入冲泡杯中。

（2）用专业咖啡粉量匙按人数将咖啡粉加入过滤纸中，再把咖啡粉表面拨平。

（3）将95℃～100℃的热开水注入专用尖嘴壶中，再匀速缓缓倒入冲泡杯，让热水慢慢将咖啡粉全部浸湿。

（4）当咖啡粉充分膨胀后第二次将热水注入咖啡粉表面，注意用水量。第二次注水时，要以螺旋状的方式由内向外，慢慢地且一气呵成地注入。

（5）待咖啡差不多滴漏完毕后取掉冲泡器即可。

微信扫一扫
查看冲调演示视频

图 3-6　滤纸式冲调步骤

3. 冲调秘诀

（1）咖啡粉的用量依个人口味而定。一般一杯量咖啡需要中度粗细的咖啡粉20克，热水300毫升。喜欢清淡咖啡的人，粉量约16克/人；喜欢浓苦味的人，粉量约24克/人。充分焖蒸后慢慢地注入开水。

（2）过滤的抽出液不要滴到最后一滴，如果全部滴完可能有杂味或杂质等。

（3）将咖啡加温到快要沸腾的程度再注入咖啡杯。

（4）刚开始冲出来的咖啡酸味可能会很重，原因是除了出水量控制不好之外，还受咖啡粉本身的品质影响，如新鲜度，还有颗粒粗细也是很重要的影响因素。

（5）在使用滤纸式咖啡壶时，应选用细研磨的咖啡粉。如用极细的研磨咖啡粉会堵住滤纸的滤孔，使咖啡粉浸泡的时间过长，从而影响口味。如用中、粗研磨的咖啡粉，因颗粒较大，水流较快，可能无法完全萃取出咖啡中的香醇成分。

（6）在选择浇注热水的水壶时，应选用壶口较细的。

4. 冲调特色

（1）这种冲泡方法适合个人使用，简单方便，煮出的咖啡口感香醇，但如果把握不好，则很容易冲出酸味，需多加练习。

（2）调制方法简单，过滤纸使用一次必须更换以保证干净卫生，还可以按个人口味调节咖啡粉用量。

相关链接

影响手冲咖啡风味及品质的因素

咖啡豆的新鲜度、研磨度、粉水比例、冲煮水温、冲煮手法、萃取时间，这六项因素任意一项有变动，都会影响咖啡最后的风味。

1. 咖啡豆的新鲜度

新鲜度最直接的表现是咖啡豆二氧化碳的排放，养豆的过程其实是二氧化碳排放的过程，除了二氧化碳之外，咖啡豆也在挥发着决定咖啡风味以及香气的芳香物质，这些小分子的芳香物质相较于体现咖啡苦味的大分子物质挥发得更快。所以越不新鲜的咖啡豆，二氧化碳以及芳香物质越少，那么可萃取的物质也就更少了。

当然也不是越新鲜的咖啡豆越好，过于新鲜的咖啡豆的二氧化碳也较多。如果焖蒸了30秒也没有排放完二氧化碳，那么后面注水的时候二氧化碳还在不断释放，会造成萃取不稳定。如果买到新鲜烘焙的咖啡豆，一般先不开封，将原包装放上4～6天，使咖啡豆通过包装上的单向阀排出二氧化碳的同时，杜绝外界的空气与湿气进入。

2.咖啡豆研磨度

咖啡豆的研磨度决定了咖啡粉的颗粒大小，颗粒大小其实影响了水流抵达咖啡粉颗粒中心的时间。颗粒越大，水流穿透咖啡颗粒抵达中心萃取咖啡粉中心（内部）的物质需要的时间就越多；颗粒越小，水流抵达中心萃取咖啡粉中心（内部）的物质需要的时间就越少。

但萃取物质并非越多越好，过细的研磨程度会萃取出更多咖啡中产生苦味的大分子物质。适合的研磨程度可以避免萃取不足导致的风味不完整、味道寡淡的情况，还可以减少过度萃取导致咖啡味道苦涩、浓郁、碍口的风险。初学者可以备一个20号标准筛网对咖啡粉进行过筛，使用10克咖啡豆大致研磨后进行过筛。

一般浅度烘焙咖啡豆的冲煮研磨度是过筛率75%～80%（7.5～8克粉）；中度烘焙咖啡豆的冲煮研磨度是过筛率60%～65%（6～6.5克粉）。

3.粉水比例

粉水比越大，咖啡味道越淡；粉水比越小，咖啡味道越浓。增加注水量来提高粉水比，影响味道的物质更多但味道更淡；减少注水量来降低粉水比，影响味道的物质更少但味道更浓郁。增加粉量来降低粉水比，减少萃取咖啡尾段大分子物质，同时味道更浓；减少粉量来提升粉水比，在到达极限情况之前，会萃取更完整的风味物质，同时味道浓郁程度降低。

在日常冲煮时，粉与水比例为1∶14到1∶18，水的占比越少，味道越浓郁；水的占比越多，味道越淡。而大部分手冲咖啡会使用1∶15的粉水冲煮比例进行出品，一般是20克的咖啡粉注入300毫升的水量，使用这个比例冲调出来的咖啡的风味相对来说更容易达到平衡的状态。

4.冲煮水温

以咖啡豆烘焙度举例，浅度烘焙的咖啡豆保留着许多氨基酸、苹果酸、柠檬酸、呋喃等美味的小分子物质，在萃取的时候就要使用高水温，所以冲煮浅度烘焙咖啡豆粉末的水温是90℃～91℃。而中度烘焙的咖啡豆经过更长时间的梅纳反应和焦糖化反应，其美味小分子物质被磨灭得过多，若再以90℃以上的高水温冲煮，必定会更容易萃取出苦涩的大分子物质，应

再降低水温以遏制其萃取效率，所以冲煮中度烘焙咖啡豆粉末的适宜水温是88℃～89℃。

5.冲煮手法

初学手冲咖啡的时候可采用三段式注水。三段式注水的优势在于能更加充分地萃取咖啡粉中的风味物质，能增强咖啡的层次感，并使大多不同产地、不同烘焙度的咖啡豆都能很好地表现出各自的风味。

冲煮操作提示：注至40毫升水时停止注水，等待30秒焖蒸时间。第31秒开始进行第二段注水，由中心向外绕圈注水，水流保持稳定且垂直，水柱冲击咖啡粉层时会出现泡沫，本段冲煮让咖啡泡沫释放出来，洋溢整个粉层表面，本段注水量为140毫升。待液面下降至一半处时开始最后一段注水，本段同样沿中心向外"闻香状"注水120毫升，原本深棕色的泡沫转变成淡黄色的泡沫，液面同样回至第二段注水时的水位高度。待咖啡液全流入下壶后，移除滤杯，结束萃取。

6.萃取时间

以20克咖啡粉为例，萃取总时长稳定在1分50秒至2分10秒的咖啡冲煮容错率是最低的。上述五个因素都会对萃取的时间产生不同程度的影响，如果萃取时间过长，那么就要考虑研磨度是否太细，或者注水水流过小，流速过慢；如果萃取时间过快，那么就要考虑研磨度是否太粗，或者注水水流过大，流速过快。

四、法压壶冲调

法压壶也称法式压滤壶，是法国的一种由耐热玻璃（或者是透明塑料）瓶身和带压杆的金属滤网组成的简单冲泡器具。它既能泡茶、泡咖啡，又能打奶泡，起初用作冲泡红茶，因此也有人称之为冲茶器。主要原理是采用浸泡的方式，通过水与咖啡粉全面接触的焖煮法来释放出咖啡粉中的精华物质，使用简单方便。

1.冲调器具

法压壶、量匙、普通勺子、咖啡杯等，如图3-7所示。

图 3-7　法压壶冲调器具

2. 冲调步骤

在此以3杯量的法压壶、粗粒研磨的15克咖啡粉、270毫升92℃的热水为例介绍冲调步骤。

（1）温壶：先使用热水烫一下法压壶。一来可以除去法压壶之前使用后残留的一些异味；二来可以提高法压壶本身的温度，使其在冲泡咖啡过程中达到一定的温度。

（2）倒入咖啡粉：将研磨好的粗粒的咖啡粉按照比例倒入法压壶。

（3）摇匀：轻摇法压壶，使壶内的咖啡粉保持在同一水平面上。

（4）倒入热水：匀速缓慢地倒入热水，在倒水过程中顺时针"画圈"，这样可以让热水浸泡到所有咖啡粉。

（5）搅拌：在倒完热水后，用准备好的量匙或搅拌棒轻轻搅拌法压壶里的咖啡，可以看到，在搅拌的过程中很多咖啡油脂会立刻浮现出来，同时也会闻到浓浓的咖啡香气。搅拌到使所有咖啡粉全部接触到热水为止。

（6）调整组件：调整法压壶的顶端组件，轻压压杆，使法压壶的滤网浸入咖啡内，这样能够使咖啡粉全部没入水中。

（7）设定时间：设定4分钟用来等候。据业内人士介绍，4分钟为法压壶制作咖啡的最佳时间。

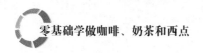
（8）温杯：同法压壶的温壶一样，在等候的这4分钟里，将我们喝咖啡的杯子也用热水烫一下，这样能够保留住咖啡的温度，风味更佳。

（9）压下组件：4分钟时间到，缓慢压下压杆。

（10）倒出咖啡：接下来倒出咖啡，一杯香醇的咖啡就泡制完成了，可以看到上面漂着厚厚的油脂，香飘满屋。

3. 冲调秘诀

（1）粉量与水量。可按10克粉加180毫升水的比例冲调。

（2）咖啡粉的研磨度。需要将咖啡豆研磨成比白砂糖颗粒稍大的咖啡粉。

（3）水温。92℃是最适合法压壶冲调咖啡的水温。

（4）冲泡时间。如果使用的是92℃的水来冲泡咖啡，那么4分钟刚好。而如果使用饮水机里面的水来制作法压壶冲调式咖啡，建议浸泡6～7分钟后再压下压杆，这是因为饮水机中热水水温偏低。

（5）缓慢压下。缓慢压下压杆是为了尽可能地减少咖啡液中的咖啡渣。

4. 冲调特色

（1）可以发挥出单品咖啡的风味特性。

（2）操作方便，容易上手，仅比速溶咖啡多了一个压下压杆的步骤。

（3）咖啡液中会有少许的咖啡细渣。

（4）咖啡液较虹吸壶冲调出来的咖啡浑浊一些。

五、比利时壶冲调

比利时壶又名平衡式塞风壶，也有人称之为维也纳咖啡壶。这种壶以真空虹吸的方式冲煮咖啡，利用杠杆原理将冷热交替时产生的压力转换为咖啡壶机械部分的动力。比利时壶由一个放咖啡粉的透明玻璃壶和一个煮开水的镀镍或镀银的密闭式金属壶组成，两者由一根真空虹吸管连在一起。用酒精灯烧金属壶，水沸腾后产生蒸汽压力，热水经由真空虹吸管流入玻璃壶中煮咖啡，等火熄灭、温度下降时，咖啡液会被吸回金属壶内。因真空虹吸管底部有过滤装置，因此冲煮后的咖啡渣会留在玻璃壶内。打开水龙头，咖啡液即会流出。其实，比利时壶冲调咖啡的卖点不在于咖啡的美味，而在于壶本身的"秀"，同时它的冲煮原理与虹吸式冲调相同，因此在咖啡口味的选择和咖啡粉研磨方面，可以参考虹吸式冲调。

1. 冲调器具

比利时壶冲调器具包括金属壶、玻璃壶、虹吸管、酒精灯（含盖）、平衡动力锤、底座等，如图3-8所示。

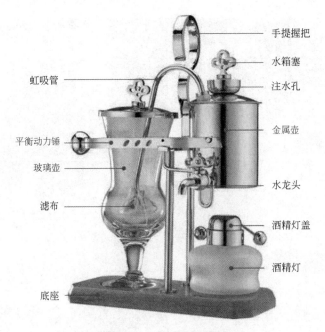

图 3-8　比利时壶冲调器具

2. 冲调步骤

（1）在金属壶中加入所需水量，两人份约350毫升，并紧密地盖上。

（2）将所需的咖啡粉放入另一端的玻璃壶中。

（3）酒精灯装约7分满的酒精，并调整灯芯高度（约高出灯座0.5厘米）。

（4）将金属壶抬起，打开酒精灯的盖子，以金属壶将酒精灯盖卡住，点燃酒精灯。

（5）当水加热煮沸后，热水随着虹吸管流到玻璃壶中与咖啡粉接触，金属壶中的水会越来越少，重量会越来越轻，最后使得酒精灯盖反弹而熄火。金属壶经加热冷却后，经由虹吸管一头的过滤器将咖啡与咖啡渣分离，慢慢地又将咖啡液从玻璃壶中吸回。

（6）金属壶内因酒精加热蒸汽压力增大，使热水流到玻璃壶内。此时金属壶因重量减轻而上升，酒精灯盖自然关闭。又因为温度下降压力减轻，加上虹吸原理，煮好的咖啡就回流到了金属壶中。

（7）确认玻璃壶内的咖啡都吸回金属壶后，稍微将注水口旋钮转松，打开水龙头即可流出咖啡了。

比利时壶冲调咖啡步骤如图3-9所示（部分步骤未配图）。

图3-9　比利时壶冲调步骤

3.冲调秘诀

（1）适用中度烘焙咖啡豆。

（2）粉量与水量：中细研磨的咖啡粉30克配350毫升水。

（3）为安全起见，补充酒精时酒精灯必须熄灭，并尽量在水槽或无易燃物的地方补充，补充完毕后要将酒精灯外部擦拭干净。

（4）使用后确定金属壶内保持干燥，避免因潮湿而产生异味。如果金属壶内因潮湿而产生异味，可以用柠檬酸浸泡洗净。

4. 冲调特色

据说比利时壶是以前欧洲王室专用的咖啡壶具，由于其造型美观、独特，制作咖啡的过程极具观赏性，故多为咖啡营业场所选作为桌前服务或制作精品咖啡的专用器具。

六、摩卡壶冲调

摩卡壶冲调是意大利人冲调咖啡的方法，适合口味浓重者个人使用。用这种方法煮出来的咖啡的浓度接近"Espresso"（意式浓缩咖啡），但是由于它所产生的压力还不够，所以不能称为严格意义上的"Espresso"。

早期的摩卡壶材质大多为铝，现在则多改为不锈钢。

1. 冲调器具

摩卡壶一套、摩卡壶专用酒精炉、咖啡杯等，如图3-10所示。

图 3-10 摩卡壶冲调器具

2. 冲调步骤

（1）将水注入摩卡壶下壶中，注意水不要高过安全阀门。

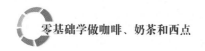

（2）将适量的细研磨咖啡粉倒入中间的咖啡盛器中，然后用勺底将盛器边缘轻轻挤压，尽量去除咖啡粉中的气体，以填满盛器边缘的缝隙（最好填满咖啡盛器，并将咖啡粉轻轻压平，这样水才会在咖啡粉中停留更长的时间，使煮出的咖啡不至于太稀淡）。

（3）用手指轻轻擦去遗留在盛器边缘的咖啡粉，然后把盛器放入盛水的下壶顶部。

（4）用力把摩卡壶的上壶和下壶旋紧，注意下壶要保持直立，以免水过早把咖啡粉浸湿。

（5）把摩卡壶放到中小火炉灶上加热，并将开水注入咖啡杯中备用。

（6）当下壶的水煮开后，产生的蒸汽会使水通过漏斗进入咖啡盛器中。这时立即把火调小（若火仍然很大，水会很快滤过咖啡粉，使煮出的咖啡又酸又稀）；当上壶水冒泡的声音变得断断续续，同时蒸汽开始冒出并伴随咖啡香味时，表示咖啡已经煮好。

（7）关闭热源，等冒泡声停止后，即可将上壶的咖啡液倒入咖啡杯中，一杯美味香浓的咖啡就制作完成了。

摩卡壶冲调步骤如图3-11所示（部分步骤未配图）。

图 3-11　摩卡壶冲调步骤

3. 冲调秘诀

（1）咖啡粉。尽可能选用"Espresso"专用的咖啡豆，磨到细白砂糖的粗细程度即可。如果磨得太细，咖啡粉会穿透金属滤网，留下残渣，且造成过度萃取而使咖啡太苦、太涩；如果磨得太粗，则热水太快穿过咖啡粉，从而造成萃取不足、味道不够。

（2）粉量与水量。煮一杯"Espresso"的粉量为8～9克，水量为70～80毫升。

（3）如果怕摩卡壶煮出来的咖啡有残渣，可以买一种专用的圆形滤纸，将这种滤纸放在咖啡粉与上壶的滤网之间。

（4）不可把摩卡壶放在有热源的火炉上不管。

（5）不可把底部没有水的摩卡壶放在火炉上过久。

（6）摩卡壶每次使用过后都要进行清洗。

（7）冲煮咖啡前要确认上壶底的密封橡胶还能正常使用。

（8）使用摩卡壶后，在收拾之前，请确保壶底已经擦干，没有水渍残留。

4. 冲调特色

（1）该法冲煮咖啡简便易行，造型美观又不占空间，是一般家庭较为经济、实用的选择。

（2）此法冲调出来的咖啡的浓度介于意式浓缩咖啡与虹吸式冲调咖啡之间。

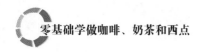
第四章　咖啡萃取调制

咖啡的口味千变万化。即便是同一种咖啡粉，用不同的冲调方法，也会调出不同口味的咖啡，如表4-1所示。

表4-1　不同口味的咖啡

序号	品种	示例	序号	品种	示例
1	意式浓缩咖啡	浓缩咖啡	2	玛奇朵咖啡	奶泡 / 浓缩咖啡
3	美式咖啡	水 / 浓缩咖啡	4	焦糖玛奇朵咖啡	焦糖 / 奶泡+糖浆 / 浓缩咖啡
5	白咖啡	牛奶 / 浓缩咖啡	6	拿铁咖啡	奶泡 / 牛奶 / 浓缩咖啡
7	康宝蓝咖啡	鲜奶油 / 浓缩咖啡	8	布雷卫（半拿铁）咖啡	奶泡 / 半牛奶半奶油 / 浓缩咖啡
9	卡布奇诺咖啡	奶泡 / 牛奶 / 浓缩咖啡	10	摩卡咖啡	鲜奶油 / 牛奶 / 巧克力糖浆 / 浓缩咖啡
11	爱尔兰咖啡	奶油 / 浓缩咖啡 / 爱尔兰威士忌	12	维也纳咖啡	鲜奶油 / 巧克力糖浆 / 浓缩咖啡

一、意式浓缩咖啡

意式浓缩咖啡，看这个名字你大概也能知道它来自哪里，对，就是意大利。它发明和发展的地方都在意大利，据传是在20世纪初期发明出来的，那时候，意式浓缩咖啡是通过蒸汽压力制作出来的饮品；现在，它因为弹簧瓣杠杆咖啡机的发明问世而商业化，走进了我们的生活。

你可能奇怪我们为何很少喝它，因为日常很少在咖啡厅见到意式浓缩咖啡（如图4-1所示）。那么，你是否喝过咖啡厅现磨做成的拿铁、卡布奇诺、摩卡等花式咖啡？它们基本上都是在意式浓缩咖啡的基础上做成的。

图 4-1　意式浓缩咖啡

1. 什么是意式浓缩咖啡

简单地说，意式浓缩咖啡是由意式咖啡机萃取出来的咖啡。意式咖啡机萃取是众多咖啡萃取方式中的一种，如同手冲、虹吸式冲调一般。

意式咖啡机所萃取出来的咖啡味道浓郁，通常称为"一份"（Oneshot），当所萃取出的咖啡作为饮品直接被饮用时，称作意式浓缩咖啡（Espresso），因为其味道浓郁，所以是制作花式咖啡的佳选。

世界咖啡师大赛中，意式浓缩咖啡需要满足以下8个条件。

（1）一份意式浓缩咖啡的容量是1盎司（1盎司约为28.35克），含克丽玛

（crema）在内25～35毫升。

（2）一份意式浓缩咖啡由数克咖啡粉萃取得到（具体的克数视咖啡豆及其研磨度而定）。

（3）萃取所用的水温介于90.5℃～96℃。

（4）意式咖啡机的萃取压强在8.5～9.5个大气压（1标准大气压≈101千帕）。

（5）咖啡萃取时间最好为20～30秒，但是没有强制规定。

（6）同一款饮品所用的意式浓缩咖啡，其萃取时间之差必须控制在3秒以内。

（7）意式浓缩咖啡必须盛放在一个容量为60～90毫升（2～3盎司）、带一只杯耳的咖啡杯中。

（8）意式浓缩咖啡在拿给裁判品尝时，必须搭配咖啡勺、纸巾和水。

2.影响意式浓缩咖啡的因素

在制作意式浓缩咖啡的时候，需要考虑到研磨程度、萃取压力、水温、粉量、时间、萃取量等因素。

（1）研磨程度。制作意式浓缩咖啡的咖啡粉要求是极细粉，研磨越细，水通过粉层时的流速越慢；研磨越粗，水通过粉层时的流速就会越快。

调整咖啡豆研磨度可以灵活地改变萃取时间，当你更换咖啡豆时，可能也需要再度调整其研磨度，以达到理想的研磨效果。

（2）萃取压力。意式咖啡机所制造的气压，一般在8.5～9.5个大气压最为理想。半自动机型通常可以自由变更气压的大小，而绝大多数的咖啡师会将机器设定在8.5～9.5个大气压。这是因为气压过高，很容易萃取出苦味、焦味等味道，气压过低又会导致无法萃取油脂而使美味变淡。

（3）水温。一杯好喝的意式浓缩咖啡可不是随随便便用热水就能萃取出来的，如果水温过高，萃取出来的意式浓缩咖啡会苦涩，难以入口；如果水温过低，则会口味偏酸，也算不上是一杯好咖啡。萃取意式浓缩咖啡的水温通常在92℃最适合，但对于不同的咖啡豆，会依照咖啡豆的烘焙程度来对水温进行微幅调整。

（4）粉量。一般按照粉碗容量大小决定咖啡粉的用量。若咖啡粉过少，容易萃取不足；若咖啡粉过多，则无法扣上冲煮头。

单份意式浓缩咖啡一般用12～14克咖啡粉，双份意式浓缩咖啡一般用

20 ～ 22 克咖啡粉。

（5）时间。萃取意式浓缩咖啡的时间是很短的，因为在 8.5 ～ 9.5 个大气压的压力下，美味物质很容易就会被萃取出来，所以萃取时间以 20 ～ 30 秒为宜。

（6）萃取量。最为理想的萃取量应为 30 ～ 35 毫升。意式浓缩咖啡的萃取作业主要是让热水和咖啡的芳香油脂经由乳化作用完全融合在一起，这也是意式浓缩咖啡的风味会如此与众不同的最大原因。以单份意式浓缩咖啡为例，当萃取量达到 30 ～ 35 毫升时便是乳化作用即将结束的时候，同时亦是停止萃取的最佳时机。

3. 意式浓缩咖啡的特色

意式浓缩咖啡的特点是口味比较纯正、浓烈，并且可以有很多不同的造型，咖啡的表面会覆盖一层较为浓郁的克丽玛（咖啡表面上深褐色的泡沫，含有咖啡中关键的香气分子），并且在喝完之后杯子的底部还留有浓郁的香味。

4. 意式浓缩咖啡的制作流程

（1）取粉。以干燥的粉碗进行取粉。取好相对应的咖啡粉量后，需要用电子秤来称量，可容误差在 0.2 克之内。

（2）布粉。布粉时先要轻敲手柄，将粉碗里的咖啡粉整理均匀，再使用布粉器旋转 2 ～ 3 圈，达到粉面平整的效果。

（3）压粉。将手柄垂直于桌面，使用压粉器把咖啡粉饼水平垂直向下压，在此过程中保持平稳角度不得移动，不然容易使咖啡粉不平整。压粉时要力度适中，以达到整体咖啡粉变紧实无空隙的程度。

需要注意的是，压粉时不宜过轻或过重；多次压粉容易导致粉饼不平整甚至破裂。

（4）扣入手柄，萃取。扣入手柄时应以轻柔、缓慢的手法扣住，随后将手柄扣紧后进行萃取。萃取时间为 20 ～ 30 秒，萃取量可以根据自己喜欢的口感来调整。

（5）清洁冲煮头、手柄。萃取完成后应及时清洁处理。

意式浓缩咖啡制作流程如图 4-2 所示。

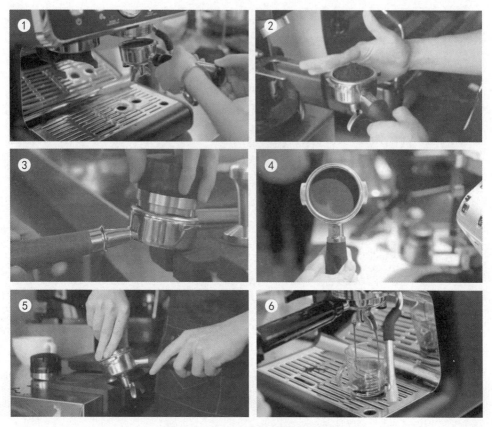

图 4-2　意式浓缩咖啡的制作流程

二、玛奇朵咖啡

玛奇朵（Macchiato）为意大利语，代表"印记、烙印"的意思，发音为"玛奇雅朵"，但我们习惯称呼它为"玛奇朵"。

1. 玛奇朵咖啡的分类

（1）焦糖玛奇朵咖啡。焦糖玛奇朵咖啡即加了焦糖的玛奇朵咖啡，是通过在浓缩咖啡中加入香浓热牛奶、香草糖浆，最后淋上纯正的焦糖而制成的饮品，其特点是在一杯饮品里可以品尝到三种不同的口味。如图4-3所示。

比如，焦糖玛奇朵咖啡是星巴克的明星意式咖啡饮品，一杯中杯355毫升的咖啡里含有1份（约30毫升）意式浓缩咖啡（Espresso），其他300多毫升是含奶泡的牛奶、香草糖浆以及焦糖，口味香甜。

图 4-3 焦糖玛奇朵咖啡

焦糖玛奇朵咖啡制作时要使用大量牛奶和奶泡。香草糖浆及香滑的热鲜奶，面层加上绵绵细滑的奶泡，混合醇厚的浓缩咖啡，再加上软滑的焦糖浆，香甜醇厚的焦糖玛奇朵咖啡便成为咖啡爱好者品尝特浓咖啡的上好选择。

（2）黑糖玛奇朵咖啡。黑糖玛奇朵咖啡是用没有经过提炼的蔗糖调制而成的一种咖啡饮品。黑糖玛奇朵咖啡的口味会比焦糖玛奇朵咖啡重一些，从卖相上来看，要比焦糖玛奇朵咖啡差一点儿，而且其中的杂质会稍微多一些，不过黑糖玛奇朵咖啡当中的营养成分保留得比较好。

（3）意式玛奇朵咖啡。意式玛奇朵咖啡是一种在欧洲，尤其是在意大利十分受大家欢迎的饮品。意式玛奇朵咖啡是用装浓缩咖啡的小杯子出品，做法是在意式浓缩咖啡上直接铺上一层奶泡，不要牛奶。也有先把奶泡倒进杯子再去接取浓缩咖啡的做法，不过浓缩咖啡会沉到下面，奶泡仍然在上。因为没有奶液，奶泡根本不会冲淡浓缩咖啡的味道，因此意式玛奇朵咖啡口味相当重。如图4-4所示。

图 4-4 意式玛奇朵咖啡

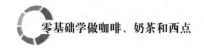
2. 玛奇朵咖啡的做法

（1）用奶泡壶加入鲜奶打成奶泡，搅拌均匀。

（2）将意式浓缩咖啡盛入杯中，加入鲜奶及奶泡至全满。

（3）在杯子正中央淋入一些焦糖浆，在奶泡上面用焦糖膏挤出网状的图案。奶泡要打到绵密，从正中央倒入杯中，焦糖膏用尖嘴瓶挤出造型图案。

在调制过程中应注意以下事项。

打奶泡时，因表面奶泡与空气混合较剧烈，所以表面的奶泡较粗糙。此时可以将奶泡表面较粗糙的部分刮去，如此便可以喝到较细腻的部分。

由于奶泡与空气接触后会影响它的绵密度，因此玛奇朵咖啡在做好后应尽快喝完。

3. 玛奇朵咖啡的特色

很多人之所以喜欢喝玛奇朵咖啡，是因为它的香甜感，不同于摩卡咖啡的厚重，它是轻柔的，如果说摩卡咖啡像黑巧克力的话，那么玛奇朵咖啡就是太妃糖，给人以温柔感，而且细腻的奶沫与焦糖结合后，如浮云般细腻润滑，所以玛奇朵咖啡通常是女孩子的最爱。

三、美式咖啡

美式咖啡（Americano）是使用滴滤式咖啡壶、虹吸壶、法压壶之类的器具所制作出的黑咖啡，又或者是在意大利浓缩咖啡中加入大量的水制成，如图4-5所示。

图4-5　美式咖啡

1.美式咖啡的特色

（1）口味比较淡。因为一般的萃取时间相对较长（4～5分钟），热水的量很大，所以味道会显得很淡。

（2）浅淡明澈，几近透明，甚至可以看见杯底的褐色咖啡。

2.美式咖啡的做法

由于美式咖啡的成分里只有浓缩咖啡与水，一般比较主流的做法有两种，一种是往浓缩咖啡里兑入水，另一种是往水里倒入萃取好的浓缩咖啡。

（1）热美式咖啡的做法。在制作热美式咖啡的时候，需要用热水预热杯子，接着倒入热水，最后倒入萃取好的浓缩咖啡，热美式咖啡中的咖啡液与水的比例一般为1∶6至1∶8，即40毫升的咖啡液兑上240～320克的热水。

（2）冰美式咖啡的做法。在制作冰美式咖啡的时候，需要用冰块预冷杯子，接着倒入水，最后倒入浓缩咖啡。因为要兑入冰块，冰美式咖啡中咖啡液与冰水混合物的比例可以是1∶7，即40毫升的咖啡液兑上280克的冰水混合物，其中冰块180克、水100克。

四、白咖啡

白咖啡（Flat White）是马来西亚的特产，有着100多年的历史。白咖啡并不是指咖啡的颜色是白色的，而是采用特等利比里亚（Liberia）、阿拉比卡（Arabica）和罗布斯塔（Robusta）咖啡豆及特级的脱脂奶精原料，经中轻度低温烘焙及特殊工艺加工后大量去除咖啡碱，去除高温炭烤所产生的焦苦与酸涩味，将咖啡的苦味、酸涩味、咖啡因含量降到最低，甘醇芳香不伤肠胃，保留咖啡原有的色泽和香味，口感爽滑、醇正，颜色比普通奶咖更清淡柔和，呈现出淡淡的奶金黄色，故得名白咖啡，如图4-6所示。

1.白咖啡的特色

白咖啡醇而不腻，不带一丝苦涩，爽神舒心，饮后齿颊留香，令人回味无穷。白咖啡不加焦糖，其咖啡豆以低温烘焙而成，去除高温炭烤所产生的焦苦与酸涩味，将咖啡的苦味、酸涩味降至最低，保留了原始咖啡的自然风味及浓郁的香气。

图 4-6　白咖啡

2. 白咖啡的做法

冲调白咖啡时，一般采用1份浓缩咖啡加1.5份热牛奶的配比。白咖啡很像拿铁咖啡，都是浓缩咖啡加热牛奶的组合，只是白咖啡没有一点儿奶泡。

冲调白咖啡时，人们常习惯于使用马克杯而不是玻璃杯，其主要是为了更好地保持咖啡的温度。

五、拿铁咖啡

拿铁咖啡（Cafe Latte）是为国人所熟悉的意式咖啡，它是在醇厚浓郁的意大利浓缩咖啡中加进等比例，甚至更多牛奶的花式咖啡。有了牛奶的调和，使原本极苦的咖啡变得柔滑香甜，为不喜爱咖啡的人也提供了品尝的机会，如图4-7所示。

1. 拿铁咖啡的特色

拿铁咖啡是咖啡与牛奶的组合，咖啡的苦涩被牛奶的香甜覆盖，入口清甜，口感腻滑，牛奶味略浓，更让营养加倍。

2. 拿铁咖啡的分类

拿铁咖啡可分为以下3种。

（1）意式拿铁咖啡。制作意式拿铁咖啡需要一小杯意式浓缩咖啡和一杯牛

图 4-7　拿铁咖啡

奶。意式拿铁咖啡中的牛奶较多，咖啡较少，其是将几乎沸腾的牛奶倒入新鲜制作的浓缩咖啡中。实际上，添加牛奶的量没有规定，可以根据个人的口味随意调整。如果在热咖啡中加入一些起泡的冷牛奶，它将变成一杯美式拿铁咖啡。比如，星巴克的美式拿铁咖啡就是用这种方法制成的，底部是浓缩咖啡，中间是加热至55℃～60℃的牛奶，上面是一层不超过半厘米的牛奶泡沫。如果不加热牛奶，而直接在意大利浓缩咖啡上装饰两汤匙的牛奶泡沫，它将变成意大利人所称的玛奇朵咖啡。

（2）欧蕾咖啡。欧蕾咖啡可以被视为欧式拿铁咖啡，与美式拿铁咖啡和意式拿铁咖啡不同，欧蕾咖啡的制作方法也非常简单，即将一杯意式浓缩咖啡和一大杯热牛奶同时倒入杯中，最后在液体表面上放两勺泡沫奶油。与美式拿铁咖啡和意式拿铁咖啡不同的是，欧蕾咖啡的最大特点是需要将牛奶和浓缩咖啡一起倒入杯中，牛奶和咖啡相碰撞产生双重口感享受。法国人是欧蕾咖啡的最热情、忠实的支持者。

小提示

　　一般来说，牛奶的加入顺序决定了拿铁咖啡的种类。意式拿铁咖啡的制作一般是先加入浓缩咖啡后再加入热牛奶，而欧蕾咖啡的制作则是同时加入浓缩咖啡和热牛奶。

（3）焦糖拿铁咖啡。焦糖拿铁咖啡是指加入了焦糖以提高咖啡甜度的拿铁咖啡。为改变口味，拿铁咖啡中可加入各种加味果露，如焦糖、榛果、法式香

草等。添加的方式是先往杯中加15毫升加味果露，再倒入咖啡液和牛奶即可。如果加入的是焦糖浆15毫升，就成了焦糖拿铁咖啡。

3. 意式拿铁咖啡的做法

（1）以热水浸泡杯子（温杯），使其温度上升后再倒掉多余的水后再使用。更简单的方法是将咖啡杯置于意式咖啡机热量放置区，萃取浓缩咖啡时杯子的温度已经达到足够的要求。

（2）萃取一杯30毫升的意式浓缩咖啡。

（3）取适量牛奶，将其置于意式浓缩咖啡机的蒸汽喷嘴下，将其制作成高温的牛奶与奶泡混合体。温度尽量控制好，超过90℃可能会造成牛奶沸腾，这样奶泡会全部被破坏掉。

（4）上下抖动牛奶和奶泡混合体，使奶泡尽可能集中在上方，这样比较容易控制比例。将较粗的奶泡用勺刮掉，因为较粗的奶泡会破坏口感，并对最终的成品外形产生影响。

（5）将合适比例的牛奶和奶泡混合体摇匀，使牛奶与奶泡完全融合。

（6）最后将牛奶和奶泡混合体倒入意式浓缩咖啡中，控制流量进行拉花，这样一杯意式拿铁咖啡的制作就完成了。

六、康宝蓝咖啡

在意大利语中，"Con"是搅拌，"Panna"是鲜奶油，康宝蓝咖啡（Espresso Con Panna）即意式浓缩咖啡加上鲜奶油。嫩白的鲜奶油轻轻漂浮在深沉的咖啡上，宛若一朵出淤泥而不染的白莲花，令人舍不得一口喝下，如图4-8所示。

1. 康宝蓝咖啡的特色

以冰冷的鲜奶油搭配热意式浓缩咖啡，可以看见黑白分明的层次，冷热同时入口，别有一番风味。

在意大利，人们经常将康宝蓝咖啡作为饭后的饮品，可以优雅地消除口中异味。

2. 康宝蓝咖啡的做法

在一份意式浓缩咖啡中加上一层打发的鲜奶油，就变成了康宝蓝咖啡。冲

图 4-8 康宝蓝咖啡

调康宝蓝咖啡最好选择油脂较高的咖啡豆，这样冲调出来的咖啡与鲜奶油搭配在一起才不会有油水分离感，鲜奶油可以中和咖啡的苦味，让咖啡带有奶香。

3.康宝蓝咖啡的饮法

（1）直接喝。可以感受高温的意式浓缩咖啡与凉爽的鲜奶油，热与冷撞击出的层次口感。最先入口的是柔滑香甜的奶油略带一点儿咖啡油脂的香醇，之后是咖啡浓郁的苦味和香醇，先甜后苦。

（2）搅拌后饮用。将鲜奶油均匀搅拌后，会增加咖啡浓稠度，带给人更滑顺平衡的好滋味。

七、布雷卫（半拿铁）咖啡

"Breve"是意大利文，意指短暂，在中国台湾地区多以音译"布雷卫"或"布列夫"称呼这款咖啡，但因为它的口感和拿铁相似，故也有人称之为"半拿铁"，如图4-9所示。

布雷卫（半拿铁）咖啡很像拿铁咖啡，不同的是它加入的不是牛奶，而是半牛奶、半奶油的混合物，有时还会再加少许奶泡。

1.布雷卫（半拿铁）咖啡的特色

品尝布雷卫咖啡，咖啡刚入口时你会以为它是拿铁咖啡，然而当它在你的

图 4-9　布雷卫（半拿铁）咖啡

口中化开时，才会发现其中的奥秘，奶油的香醇滑顺让咖啡变成一道甜而不腻的美味饮品。

2.布雷卫（半拿铁）咖啡的做法

（1）准备一份萃取好的意式浓缩咖啡。

（2）混合一半牛奶、一半奶油蒸煮奶泡。牛奶与奶油蒸煮时，牛奶会变得更稠密，但奶泡会少一点儿。

（3）把蒸煮好的牛奶、奶油混合物倒入意式浓缩咖啡中，再将奶泡铺在最上层即可。

八、卡布奇诺咖啡

卡布奇诺咖啡（Cappuccino）是一种以同量的意大利特浓咖啡和蒸汽牛奶、泡沫牛奶相混合的意大利咖啡。此时咖啡的颜色就像卡布奇诺教会的修士在深褐色的外衣上覆上一条头巾一样，因此得名卡布奇诺咖啡。

传统的卡布奇诺咖啡是浓缩咖啡、蒸汽牛奶和泡沫牛奶各占三分之一，并在上面撒上少许小颗粒的肉桂粉末，如图4-10所示。

图 4-10　卡布奇诺咖啡

1.卡布奇诺咖啡的特色

卡布奇诺咖啡之所以久负盛名，可能是因为它的做法能让咖啡与牛奶完美融合，入口有一种天鹅绒般的顺滑感。

2.卡布奇诺咖啡的分类

卡布奇诺咖啡分为干卡布奇诺咖啡和湿卡布奇诺咖啡两种。

（1）干卡布奇诺咖啡（Dry Cappuccino）是指用奶泡较多、牛奶相对较少的调法制作出来的咖啡，喝起来咖啡味浓过奶香，适合重口味者饮用。

（2）湿卡布奇诺咖啡（Wet Cappuccino）则指用奶泡较少、牛奶相对较多的做法制作出来的咖啡，奶香盖过浓郁的咖啡味，适合口味清淡者饮用。湿卡布奇诺咖啡的风味和拿铁咖啡差不多。

3.卡布奇诺咖啡的做法

传统的意大利卡布奇诺咖啡的做法是使用180毫升容量大小的高身陶瓷杯，咖啡量采用1盎司，也就是用7～8克咖啡粉萃取出30毫升左右的浓缩咖啡液。再倒入打发好的奶泡、牛奶，中间呈现白色的奶泡，四周围着一圈咖啡油脂与奶泡融合的"黄金圈"。

制作卡布奇诺咖啡的重点在打发牛奶的步骤，卡布奇诺咖啡的奶泡比拿铁

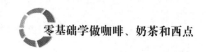

咖啡要厚，所以打发卡布奇诺咖啡的牛奶时需要更长的充气时间。

（1）先将牛奶倒入奶缸，将蒸汽棒埋入牛奶当中，此时打开蒸汽开关，让蒸汽棒的出气孔与牛奶液面接触，此时会发出撕纸般的尖锐声音，一般称之为充气或者入气，充气时间越长，奶泡越厚，所以制作卡布奇诺咖啡时的奶泡充气时间会比制作拿铁咖啡时长。

（2）充气之后将蒸汽棒继续没入牛奶当中，让牛奶在蒸汽棒中旋转打发，最后等待牛奶温度加热到55℃左右即可关闭蒸汽开关，完成牛奶的打发。

（3）卡布奇诺咖啡的特点在于其绵密的奶泡，但这般厚重的奶泡会让牛奶的流动性降低，难以做出像拿铁咖啡那样华丽的拉花图案，而卡布奇诺咖啡最让人印象深刻的图案或许就是其标志性的"黄金圈"。

要制作出卡布奇诺咖啡的"黄金圈"图案其实十分简单，只需注意在杯子中加入萃取好的浓缩咖啡后，先不要加入牛奶进行融合。接下来，使用勺子舀取奶泡，轻轻将奶泡放在咖啡的中央位置，奶泡会慢慢散开，随着更多奶泡的放入，奶泡面积会越来越大直至占据咖啡表面的大部分面积。此时，再加入牛奶即可完成。

制作卡布奇诺咖啡对咖啡豆十分讲究，不同风味的咖啡豆做出的卡布奇诺咖啡也各有千秋。其中意大利人崇尚的意式烘焙的拼配咖啡豆用于制作意式咖啡，表现出焦香、浓郁、黑巧克力的风味。

九、摩卡咖啡

摩卡咖啡（Mocha Cafe）是一种古老的咖啡，得名于著名的摩卡港，由意式浓缩咖啡、巧克力酱和鲜牛奶等混合而成，是意式拿铁咖啡的变种，如图4-11所示。

1.摩卡咖啡的特色

酸、香、醇的意式浓缩咖啡，融入甜美的巧克力酱与温热鲜牛奶，很适合女性及害怕重咖啡因的人饮用。

图 4-11　摩卡咖啡

2.摩卡咖啡的做法

（1）选用300毫升容量的圆底咖啡杯，圆底咖啡杯有助于牛奶与咖啡更好地融合，制作拉花时也有更多的空间进行图案制作。

（2）往杯中加入20克巧克力酱、5克无糖黑可可粉。巧克力酱为咖啡增加了巧克力风味以及甜味，而无糖黑可可粉能进一步提升咖啡的醇厚度。

（3）倒入35毫升萃取好的意式浓缩咖啡液，然后与杯中的巧克力酱、可可粉混合均匀。

（4）打发奶泡。选用中号的奶缸，然后倒入200 ～ 230毫升冷藏鲜牛奶。蒸汽棒在进入奶缸前先进行放气以排走凝聚在出气孔的蒸汽水，将蒸汽棒放入牛奶液面下1厘米处并开启蒸汽开关。此时蒸汽与牛奶液面接触，会发出吱吱吱的声音，这是形成奶泡的关键步骤。

由于浓缩咖啡与巧克力酱搅拌均匀后，浓缩咖啡没有了油脂，失去了进一步稳定奶泡的功能，所以奶泡的厚度要打发到1.2厘米（比拿铁咖啡的奶泡厚一点，比卡布奇诺咖啡的奶泡薄一点）。打发奶泡的时候听到4 ～ 5下吱吱声再停止充气，并把奶缸调整到45°角产生旋涡卷走粗泡（此时不再发出吱吱声），然后加热到55℃～ 65℃即可。

小提示

　　奶泡要使用冷藏鲜牛奶打发，这是因为鲜牛奶能更完整地保留牛奶中的蛋白质和乳脂，而蛋白质是形成奶泡的关键物质，乳脂能进一步稳定奶泡，减缓其破裂速度，同时还能为咖啡增加醇厚的口感。

（5）让牛奶与巧克力咖啡融合。在牛奶与咖啡融合之前，先在桌面上找一个支点并通过腕力顺时针晃动奶缸，保证拉花前奶泡和牛奶没有产生分层。融合的时候，左手拿咖啡杯，右手握奶缸，从咖啡杯三点钟至六点钟方向开始绕圈倒入牛奶。

（6）制作拉花图案。注入牛奶的高度为5厘米左右，绕圈融合时牛奶可以选择较快流速，而出图案时则选用较慢的流速。同时需要左右手配合，一边注入牛奶，一边调整杯子的角度，这样奶泡才能形成图案。

小提示

冰摩卡咖啡的做法与热摩卡咖啡的做法接近，在冷饮杯中加入100克冰块与150克牛奶，将35毫升浓缩咖啡液与20克巧克力酱、5克可可粉混合均匀后倒入杯中即可。

十、爱尔兰咖啡

爱尔兰咖啡（Irish Coffee）是一种既像酒又像咖啡的饮品，由热咖啡、爱尔兰威士忌、奶油、糖混合搅拌而成，如图4-12所示。

图4-12 爱尔兰咖啡

1. 爱尔兰咖啡的制作

所需材料：热咖啡液150毫升、爱尔兰威士忌30毫升、冰糖10克、调配拌好的奶油或鲜奶油20克。

制作方法如下。

（1）在爱尔兰咖啡专用杯中加入爱尔兰威士忌和冰糖，将杯子架在专用酒精灯架上加热，加热过程中需慢慢转动杯子。

（2）至杯内的酒烧热、冰糖溶化且微微冒着烟，再熄灭酒精灯取下酒杯，用打火机点燃杯中的酒，让酒在杯中燃烧约5秒后盖上杯垫熄火。

（3）将冲调好的热咖啡液倒入杯中（约8分满）。

（4）在杯中挤上适量的发泡奶油即可。加入奶油时，注意不要用汤匙搅拌。

小提示

调配爱尔兰咖啡最好使用爱尔兰咖啡专用杯，这种咖啡杯上有3条线，第一条线的底层加入爱尔兰威士忌，第二条线和第三条线之间是咖啡，第三条线以上（杯上表层）是奶油。

2. 爱尔兰咖啡的饮用技巧

爱尔兰咖啡酒香浓烈，喝爱尔兰咖啡第一口是关键，先不要加入调料或进行搅拌，可预先喝上一口，并要趁热喝，温度在91.6℃～96.1℃的爱尔兰咖啡最能散发原汁原味的浓香。品质好的爱尔兰咖啡，入口可感受到微苦，口感醇厚，从浓郁的爱尔兰咖啡香中，品味到奶香与酒香的交织，层次分明。

爱尔兰咖啡匙只用来搅拌爱尔兰咖啡，不能用来舀爱尔兰咖啡入口，搅拌咖啡后要将匙放在一边，然后直接举杯饮用。

十一、维也纳咖啡

维也纳咖啡（Viennese Coffee）是奥地利最著名的咖啡，其以浓浓的鲜奶油和巧克力的甜美风味而受到全球人士的喜爱，如图4-13所示。

图 4-13　维也纳咖啡

1. 维也纳咖啡的特色

雪白的鲜奶油上，撒落五色缤纷的巧克力果，品相非常漂亮；隔着甜甜的巧克力糖浆、冰凉的鲜奶油啜饮滚烫的热咖啡，更是别有一番风味。

2. 维也纳咖啡的做法

准备一杯约8分满的热咖啡，在上面以旋转方式加入鲜奶油，再淋上适量的巧克力糖浆，最后撒上五彩巧克力果，附糖包即可上桌。

3. 维也纳咖啡的品尝

品尝维也纳咖啡最重要的技巧在于不去搅拌咖啡，而是享受杯中三段式的快乐：首先是甜蜜的糖浆，它带来的是初尝的甜美；接着是冰凉的奶油，它给味蕾带来柔和且清新的口感；最后是浓香的咖啡，它润滑却微苦，尤其是在即溶未溶的临界点，带给你如同发现宝藏般的惊喜。

第五章　咖啡拉花制作

咖啡拉花追求美观，同时讲究口感。它的原理是把用蒸汽打出的牛奶气泡倒进浓缩咖啡中，形成不同的图案。

一、拉花的制作手法

咖啡拉花的制作手法主要分为以下两种。

1.直接倒入法

咖啡师控制奶壶，通过不同的晃动幅度、速度及奶壶高低变化，把奶泡倒入咖啡中，徒手拉出不同的图案，讲求技巧熟练。如图5-1所示。

2.雕花

咖啡师将奶泡慢慢倒进咖啡，拉出基本构图，利用花针或牙签雕画出各种图案，技术难度低，但讲求创意。如图5-2所示。

图 5-1　直接倒入法制作拉花

二、拉花所需的材料及器具

（1）咖啡豆、磨豆机、咖啡机。制作咖啡拉花，奶泡及"Espresso"是主角，因此必须使用磨豆机及咖啡机，把咖啡豆变作"Espresso"。

（2）全脂鲜牛奶。奶泡由牛奶打成，因牛奶的脂肪与蛋白质含量及温

图 5-2　用花针雕花

53

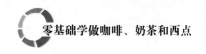

度均会影响奶泡的形成，故拉花最好使用全脂鲜牛奶，因为全脂鲜牛奶脂肪与蛋白质含量较高，能打出更多及更细滑绵密的奶泡。此外，牛奶必须冰到0℃～4℃，因为冰牛奶能延长打泡时混合时间，奶与泡混合得宜，拉花才会美观。

（3）意式咖啡机的蒸汽棒、奶泡壶、打奶棒。这三种都是打奶泡的工具。其中，手打奶泡壶及电动打奶棒较难掌握，初学者宜选用单一气孔的蒸汽棒，因为气孔较少，蒸汽输出得慢，相对来说更容易控制。奶泡壶则可根据个人需求和制作分量自行选择大小，一般可选350毫升或600毫升的钢壶。

（4）拉花壶。盛载奶泡作拉花之用，可根据每台咖啡机的蒸汽压力和每次制作的分量自行选择大小，一般可用300毫升、350毫升或600毫升的壶。拉花壶有不同形状，建议选购壶身形状为壶底阔并向上收窄的类型，忌选中间阔上下窄的形状，因其并不利于打奶泡。壶嘴形状方面，可选圆而阔的壶嘴，外弯为佳，较容易控制奶泡倒出的稳定性。壶嘴沟槽则宜选择能起汇集奶泡作用的长沟形，拉起花来会比较容易控制。

（5）咖啡杯。初学拉花者建议选用矮身圆底大口径的咖啡杯练习，会比较容易掌握，拉花时间相对高身杯短一些，图案亦较容易拉出。

三、拉花的前期准备

好的基础成就好出品。咖啡拉花不仅着重手法，奶泡与咖啡亦是灵魂所在。掌握以下三步前期技巧，拉花图案更易成形。

1. 冲煮"Espresso"

因为奶泡放久了会消失，所以先冲煮好"Espresso"，并盛放在所需要的杯子中，接着才打奶泡。

2. 打奶泡

把175～200毫升、冷藏至4℃的全脂鲜牛奶取出，倒入350毫升的奶壶中（牛奶分量约占奶壶容量的1/2）。空喷清洁咖啡机的蒸汽棒后，把喷嘴插入牛奶底下约1厘米，形成起泡角度，再启动蒸汽棒打气，此时牛奶开始旋转，并发出清脆的"吱吱"声。当奶泡开始形成，立即把奶壶轻轻下移，此过程中须保持喷嘴放在牛奶表面，确保牛奶旋转。当奶泡达到所需分量，略微把奶壶提高，让喷嘴插入牛奶深处，目的是把大气泡打成绵密的微细泡沫，同时把牛奶加热。当温度接近65℃时，关闭阀门，取出蒸汽棒，并空喷清洁蒸汽棒。

小提示

　　理想的奶泡如天鹅绒般丝滑、细腻，表面反光；若泡沫太大或未能与牛奶充分混合，均拉不出花。

3. 奶泡与咖啡的融合

　　根据所调配的咖啡，将奶泡与"Espresso"做比例混合，既利于拉花亦增强口感。

　　先将盛有"Espresso"的杯子倾斜，徐徐把奶泡倒入咖啡中，落点定为中间深处，注入时奶泡流量不要过大，保持稳定注入，不要间断，建议初学者匀速左右移动奶壶。融合完成后，咖啡表面要干净，颜色一致，避免表面出现白色的奶泡。若有白色奶泡形成，可继续向该处注入奶泡进行融合，目的是将奶沫均匀地冲入咖啡下方。

四、拉花的操作步骤

　　奶泡与"Espresso"充分融合后，表面会呈现浓稠状，通常此时咖啡杯已半满，就可正式拉花了。下面以心形拉花（如图5-3所示）为例来介绍咖啡拉

图5-3　心形拉花

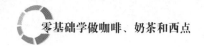
花的操作步骤。

（1）此时，手中有一杯"Espresso"及一壶奶泡。把杯口的1/3处定为拉花落点，把咖啡杯倾斜10～15度，将奶壶提到高约10厘米处，并开始少量倒入奶泡以刺破油脂。

（2）稳定并小流量倒入奶泡，至咖啡杯5分满。要保持奶泡流量稳定。

（3）当咖啡表面出现奶泡"白点"，降低奶壶至紧贴咖啡杯口，加大奶泡注入流量，手臂手腕配合，以"Z"字形左右摇晃奶壶，晃动距离约1厘米。

（4）摇晃奶壶旨在增加心形的分层。随着奶壶持续晃动，奶泡面积会不断增大，并形成圆形，此时要注意保持奶泡流量。

（5）当杯中奶泡增多，注入时慢慢把杯子放平，当咖啡杯至8分满时，完全放平咖啡杯，准备提高奶壶，同时减少奶泡注入量。

（6）将9分满时，慢慢提起奶壶并收细注入流量，此时注入点是心形的中心。收线位置则决定了心形的左右匀称度。

微信扫一扫
查看拉花制作演示教程

（7）奶泡以小流量从中心线收至杯尾。

（8）收线结束，一杯心形拉花咖啡即制作完成。

小提示

　　完美的拉花，除图案要清晰外，咖啡亦要高出杯口约0.5厘米，做到满而不溢，而奶泡厚度则要控制在1～1.5厘米。

第六章　咖啡设备维保

作为一名咖啡师，不仅需要掌握制作咖啡饮品的技能，还需要懂得怎样照顾每天一起工作的"小伙伴"——咖啡机。

一、每次制作咖啡后的清洁工作

1.冲煮头

每次咖啡饮品制作完成后，需将手柄取下抠掉咖啡渣饼，并按清洗键将残留在冲煮头内及分水网上的咖啡渣冲下，再将手柄嵌入接座内（注意，此时不要将手柄嵌紧），并左右摇晃手柄以冲洗冲煮头垫圈及冲煮头内侧。

2.蒸汽棒

使用蒸汽棒制作奶泡后，需将蒸汽棒用干净的湿抹布擦拭并再开一次蒸汽开关，用蒸汽喷出的冲力清洁蒸汽孔内残留的牛奶与污垢，以保持蒸汽孔的干净与畅通。

如果蒸汽棒上有残留牛奶的结晶，请将蒸汽棒用装入8分满热水的钢杯浸泡，以软化蒸汽棒上的结晶，20分钟后移开钢杯，并重复前述第一段的操作。

二、每日清洁、保养工作

1.冲煮头

将任一手柄的粉碗取下更换成盲碗或直接放入橡胶垫，将一小匙清洁粉（2～3克）置入盲碗中，将手柄嵌入接座中并检查是否完全密合。

按下清洗键清洁约10秒后，停止静置10秒，再清洁，如此重复5次以上后，将手柄放松但不卸下，按清洗键并左右摇晃手柄10秒以上。

清洁完成后取下手柄，并冲洗干净，继续放水冲洗直至干净无色。

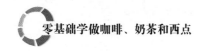

2. 粉碗及手柄

每日至少一次将手柄用热水润洗，溶解出残留在手柄上的咖啡油脂及沉淀物，并刷洗擦拭干净，以免蒸煮过程中部分油脂和沉淀物流入咖啡中而影响咖啡品质。

3. 接水盘

将接水盘取下，冲洗干净，擦干后装回。

4. 排水槽

取下接水盘后用湿抹布将排水槽内的沉淀物清除干净，再用热水冲洗，使排水管保持畅通。如遇排水不良时可将一小匙清洁粉倒入排水槽内用热水冲洗，以溶解排水管内的咖啡油渣。

5. 咖啡机机身

用湿抹布擦拭咖啡机的机身，如需使用清洁剂，请选用温和不具腐蚀性的清洁剂，将其喷于湿抹布上再擦拭机身（注意抹布不可太湿，清洁剂更不能直接喷于机身上，以防止多余的水分和清洁剂渗入电路系统，侵蚀电线造成短路）。

三、每周清洁、保养工作

1. 出水口

取下出水口内的分水网等配件（若机器刚使用过，请注意防止高温烫手），而后将其浸泡在清洁液中（清洁液可为500毫升热水加三小匙清洁粉混合），然后用清水冲洗所有配件上的咖啡油渣、残留物（如发现有阻塞，请用细铁丝或针小心疏通），并用干净柔软的湿抹布进行擦净。

2. 粉碗及手柄

分解手柄并浸泡至清洁液中（清洁液可为500毫升热水加三小匙清洁粉混合），将残留的咖啡油渣溶解释出（注意手柄塑胶部分不可浸泡，以免塑胶表面遭清洁液腐蚀），用清水冲洗所有配件，并用干净柔软的湿抹布进行擦净。

四、每月、每季清洁、保养工作

1.净水器

检视第一道、第二道净水器滤芯，建议每个月检查一次，视情况更换。

2.软水器

再生、冲洗软水器，步骤如下。

（1）关闭水源。

（2）进盐再生：利用较高浓度的盐水流过树脂，将失效的树脂重新还原为钠型可用树脂。

（3）冲洗：按照供水时的流程使水通过树脂冲洗多余的盐液和再生交换下来的钙镁离子。

3.咖啡机内部

拆解咖啡机，对咖啡机管路、进水电磁阀、锅炉腔体、加热棒、温感探头、水位传感器等部件进行彻底除垢、清洁。

 小提示

　　对于保养咖啡机时用到的清洁粉或清洁剂，可购买该品牌咖啡机配套、推荐的产品，或者直接到专业的咖啡机销售商处购买专业的清洁粉或清洁剂。另外，在对咖啡机进行清洁时，一定要严格按照规定用量来使用，因为这些清洁粉或清洁剂都是带有一定腐蚀性的，过大的用量会对咖啡机造成一定的腐蚀。

第二部分

奶茶制作

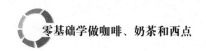

第七章　奶茶基本认知

如今，奶茶店遍布城市的各个角落，奶茶深受人们的喜爱，已经成为人们饮食生活的一部分。

一、奶茶的起源

从历史上看，奶茶原本就是大众饮品。

最早的奶茶可以追溯到大唐盛世，唐朝开拓了前无古人的疆域，也加速了中原农耕文明与北方游牧文明的融合。大量奶制品经由西域的胡人、北方的牧民，带进当时的国际大都市长安，并与茶叶发生了历史性的"大碰撞"。

李繁在《邺侯家传》中记载："皇孙奉节王煎茶加酥椒之类，求泌作诗，泌曰：'旋沫翻成碧玉池，添酥散出琉璃眼。'"酥，就是奶油，椒，就是花椒；奶茶混合搅拌后出现的奶泡，则被诗人比喻为"琉璃眼"。可见，饮奶茶是唐代长安的风尚。

那个时候的奶茶是要加盐和花椒等配料的，这也是后来流行于内蒙古和新疆地区的咸口奶茶的来源。

而随着丝绸之路的繁荣，奶茶被带入了印度。印度人民根据饮食文化差异，在奶茶中加入香辛料来提升口感。印度殖民地时期，西方列强将奶茶带回了各自的国家，稍加修改，形成了荷式奶茶和英式奶茶。

二、奶茶的发展

中国大陆奶茶连锁行业的发展主要经历了三个阶段。

1. 粉末时代（1990—1995 年）

中国台湾人率先将粉末式奶茶引入中国大陆，引起了一波"奶茶风"。这类初期的奶茶店面积多为3～5平方米，部分以小窗口形式存在。产品由各种粉末冲水调制而成，味道通常包括原味、草莓味、香芋味、西瓜味、杧果味等。这类奶茶不含茶也不含奶，是中国大陆奶茶连锁的初级阶段，业内称之为"粉末时代"。

2. 街头时代（1996—2015 年）

此阶段原料演变、升级，奶茶店开始遍布大街小巷。在这一阶段，出现了基底茶，即用茶末和茶渣制作基底茶，并将其装在茶桶里，每隔数小时进行更换。此时真的茶叶代替粉末出现在奶茶中，但奶还是以粉末为主。该阶段兴起的奶茶品牌有都可、快乐柠檬等。

在这一阶段的后期，奶也有了一定的改革，出现了鲜奶。同时，商家为了增加关注度，在奶茶形式上也进行了创新，比如新创了奶盖，将淡奶油打发并覆盖在纯茶上面，形成全新的形态及口感。

3. 新中式茶时代（2016 年至今）

随着消费升级，奶茶更加注重品质，朝着精品茶饮方向发展。

（1）在原料选取上更加健康。用上等的茶叶，辅之以不同的萃取方式，代替原有的碎末、茶渣，用新鲜的牛奶、天然的动物奶油代替奶精，全方位提升奶茶的口感。品类不断丰富，如加入各类新鲜水果制成水果茶。

（2）在制作工艺上更加专业。萃取设备的创新和新中式茶饮的发展相辅相成、相互促进。萃取设备的使用可实现茶叶萃取过程的标准化，而传统手工制作受限于员工培训与熟练程度，低效且难以保持口感的一致性。萃取工艺上也进行了一定的革新，除了传统的热泡，还引入了冷泡、真空高压萃取等。新创的冷泡，不仅可以减少茶涩的口感，还能减少茶中单宁酸的释放，有利于对肠胃的保护。

（3）在店面装修上更加舒适。近年来，奶茶店普遍扩大单店面积，从15 ～ 20 平方米扩大到50 ～ 100 平方米。在装修风格上，部分连锁店一改统一装修风格，为每家店单独设计装修主题，用优质产品和惬意环境的完美结合为消费者提供舒适体验。

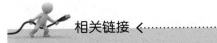 相关链接

新中式奶茶的新属性

发展初期，奶茶因价位较低且解暑解渴或驱寒暖身而广为流行。夏日，一杯5 ～ 10 元的冰爽现调奶茶既可满足消费者对现做的新鲜感，又能解暑

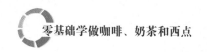
解渴；冬日，一杯热气腾腾的现调奶茶则可驱寒暖身。

在消费升级的大背景下，新中式茶饮具备了休闲、社交属性。新中式茶饮满足了人们对生活品质的追求，其消费过程亦是社交与休闲的过程。随着奶茶门店面积不断扩大、环境更加舒适惬意，以及产品本身更为注重健康，奶茶店成了人们聚会、逛街、看电影等休闲娱乐中的一个环节。消费者购买的不仅是产品本身的饮料功能，还有张弛有度、劳逸结合的社交属性和休闲价值。

从茶饮到生活方式和身份认同，新中式茶饮具备了时尚标签属性；与新媒体的结合，标签属性得到强化。"90后""00后"消费新势力是新中式茶饮的主力目标客群，该消费群体边际消费倾向高，注重生活品质与生活方式，强调个性，新中式茶饮充分满足了该类群体的身份认同，使之具备标签属性，新媒体营销则又进一步强化了其标签性。

需求的旺盛、新媒体营销的助力，使"喜茶""奈雪的茶"等新中式茶饮龙头店面出现抢购、排队等现象。每当消费者排了较长时间的队并买到奶茶时，内心会油然而生一种自豪感与骄傲感，属于典型的"小确幸"（微小而确定的幸福）。其在微信朋友圈、微博等公众平台晒新中式茶饮，既表达排队后买到了茶饮的喜悦与激动，也为自己贴上了时尚标签。

三、奶茶的主要成分

奶茶是饮品的一种，其主要成分有植脂末、CMC（增稠剂）、葡萄糖、奶精、蛋白糖、阿拉伯胶、麦芽糊精、乙基麦芽酚以及炭烧咖啡香精等，另外还有白砂糖、全脂奶粉、咖啡粉和红茶粉等。

四、奶茶的营养价值

奶茶兼具牛奶和茶的双重营养，是家常美食之一，风行世界。天然的牛奶加茶煮出来的奶茶有利于调节人体内的酸碱平衡，而且牛奶含有的高蛋白质和脂肪等各种营养物质对人体的健康也是非常有益的，茶中含有的碱和各种矿物质则有助于补充人体所需的各种微量元素，茶中含有的芳香油还能溶解动物脂肪，起到消食解腻的作用。

小提示

　　奶茶是一种常见的饮品，适量饮用奶茶对人体有补充营养、改善心情、提供能量等好处，但若经常过量饮用，则可能会引发胃部不适、体重增加、血糖升高等不良症状。

五、奶茶的分类

按不同的分类标准，可将奶茶分为不同的种类。

1. 按区域风情分类

　　按区域风情分类，可将奶茶分为西藏酥油茶、台式奶茶、港式奶茶、美式奶茶、南洋奶茶、日式奶茶、泰式奶茶、韩潮奶茶、马来西亚奶茶、土耳其奶茶、阿拉伯奶茶、意式奶茶、西班牙奶茶、荷兰普利奶茶、巴西奶茶等。

　　每个区域的奶茶都带有自己的地域特点。比如泰式奶茶，在微甜中伴随着一点儿辣味，加入了八角、桂皮、玛萨拉等，饮品颜色比较深，大众普遍对其认知度还比较低。

2. 按辅料拼配制作分类

　　按辅料拼配制作来分类，可将奶茶分为原味黑珍珠奶茶、香芋奶茶、烧仙草奶茶、胚芽奶茶、薄荷奶茶、炭烧奶茶、鸳鸯奶茶、巧克力奶茶、皇室奶茶、绿抹奶茶、玄米奶茶、小麦草奶茶、玫瑰花蜜奶茶、姜母奶茶、人参奶茶、酥油奶茶、香辛料奶茶、玛奇朵酥油奶茶等。

3. 按制作所用茶品分类

　　按制作所用茶品来分类，可将奶茶分为阿萨姆红茶奶茶、锡兰红茶奶茶、麦香红茶奶茶、乌龙茶奶茶、青茶奶茶、茉莉绿茶奶茶、高山茶奶茶、花草奶茶（香草奶茶、薰衣草奶茶、桂花奶茶、红花奶茶等）、伯爵奶茶等。

4. 按奶茶甜度分类

　　依据饮用者的喜糖程度，可将奶茶分为无糖、3分糖（微糖）、5分糖（半

糖）、8分糖、全糖5种甜度的奶茶。

5. 按奶茶温度分类

依据饮用者对奶茶温度的要求，可将奶茶分为多冰、正常冰、8分冰、少冰、去冰、常温及热饮7种温度做法的奶茶。

6. 按奶茶口味分类

按奶茶的口味区别，可将奶茶分为以下10个系列。

（1）珍珠奶茶系列。包括原味奶茶、苹果奶茶、柠檬奶茶、草莓奶茶、巧克力奶茶、哈密瓜奶茶、杧果奶茶、香芋奶茶、菠萝奶茶、凤梨奶茶等。

（2）沙冰系列。包括葡萄沙冰奶茶、巧克力沙冰奶茶、杧果沙冰奶茶、草莓沙冰奶茶、哈密瓜沙冰奶茶、木瓜沙冰奶茶、红豆沙冰奶茶、柠檬沙冰奶茶、芋香沙冰奶茶、牛奶沙冰奶茶等。

（3）奶昔系列。包括草莓奶昔奶茶、苹果奶昔奶茶、杧果奶昔奶茶、菠萝奶昔奶茶、蓝莓奶昔奶茶、柳橙奶昔奶茶、青苹果奶昔奶茶、水蜜桃奶昔奶茶、柠檬奶昔奶茶等。

（4）刨冰系列。包括哈密瓜刨冰奶茶、草莓刨冰奶茶、情人果刨冰奶茶、杧果刨冰奶茶、柳橙刨冰奶茶、哈密瓜刨冰奶茶、巧克力刨冰奶茶等。

（5）果汁系列。包括哈密瓜果汁奶茶、草莓果汁奶茶、蓝莓果汁奶茶、青苹果果汁奶茶、柳橙果汁奶茶、柠檬果汁奶茶、凤梨果汁奶茶、杧果果汁奶茶等。

（6）雪泡系列。包括草莓雪泡奶茶、杧果雪泡奶茶、柠檬雪泡奶茶、西瓜雪泡奶茶、青苹果雪泡奶茶、香橙雪泡奶茶等。

（7）花茶系列。包括茉莉绿茶奶茶、柏子养生茶奶茶、菊花茶奶茶、玫瑰花茶奶茶等。

（8）双皮奶系列。包括原味双皮奶奶茶、草莓双皮奶奶茶、桑葚双皮奶奶茶、杧果双皮奶奶茶、菠萝双皮奶奶茶、酸梅双皮奶奶茶等。

（9）龟苓膏系列。包括牛奶龟苓膏奶茶、蜜糖龟苓膏奶茶、椰汁龟苓膏奶茶、椰汁牛奶龟苓膏奶茶、牛奶鸡蛋龟苓膏奶茶、杨梅龟苓膏奶茶、草莓龟苓膏奶茶等。

（10）烧仙草系列。包括原味烧仙草奶茶、牛奶烧仙草奶茶等。

第八章 奶茶原料识别

奶茶的原料，指的是制作奶茶所需的用料。一般制作奶茶的常用原料可分成五大类，分别是茶类、奶类、糖类、咖啡类、辅料类。

一、茶类

茶可以说是奶茶制作的重要原料之一，茶的不同使奶茶的味道产生了多样化。茶叶可以划分为不同的种类，从发酵程度上划分出绿茶、白茶、黄茶、青茶、红茶、黑茶等，而茶饮行业用得比较多的是绿茶和红茶，比如用绿茶做的奶茶是"奶绿"，现在用乌龙茶做的奶茶也越来越多，比如"乌龙玛奇朵"。

1. 绿茶

绿茶是不发酵茶，由于其特性决定了它较多地保留了鲜叶内的天然物质，其中茶多酚、咖啡碱保留了鲜叶的85%以上，叶绿素保留50%左右，维生素损失也较少，从而形成了绿茶"清汤绿叶，滋味收敛性强"的特点，如图8-1所示。

绿茶是我国生产的主要茶类，也是历史较为悠久的茶类。用绿茶调制的奶茶为"奶绿"，滋味比用红茶调制的更清甜，不会过于甜腻。

使用绿茶作为奶茶茶底的时候，可以更多地搭配甜香类水果。甜香类水果

图 8-1 绿茶

有丰富的甜度以及良好的口感，但在挥发性的前段，香气比较淡，所以使用绿茶这种前香茶，可以起到很好的提味作用，让饮品更有滋味。

图8-2　红茶

2.红茶

红茶属全发酵茶，是以适宜的茶树新芽叶为原料，经萎凋、揉捻（切）、发酵、干燥等一系列工艺过程精制而成的。红茶因其干茶冲泡后的茶汤和叶底色呈红色而得名，如图8-2所示。

红茶茶感明显，香气十足，所以也是"万能茶"，搭配水果时稀释使用，搭配奶制品时高浓度使用，可以很好地让饮用者在茶品中喝到茶香与茶感。

制作奶茶一般使用最多的是红茶，印度阿萨姆奶茶、中国台式奶茶都是用红茶制作的。想要制作出浓郁香醇的奶茶，最好选用优质的红茶。

 相关链接

红茶的挑选技巧

如果说奶茶是一家饮品店的灵魂，那么红茶就是一杯奶茶的灵魂。国际红茶等级划分如下表所示。

国际红茶等级划分

等级	具体说明
OP	Orange Pekoe，通常指的是叶片较长而完整的茶叶
BOP	Broken Orange Pekoe，顾名思义，较细碎的OP，滋味较浓重，一般适合用来冲泡奶茶
FOP	Flowery Orange Pekoe，含有较多芽叶的红茶
TGFOP	Tippy Golden Flowery Orange Pekoe，含有较多金黄芽叶的红茶，滋味香气也更清芬悠扬
FTGFOP	Fine Tippy Golden Flowery Orange Pekoe，经过精细揉捻制作而成的高品质茶叶

续表

等级	具体说明
SFTGFOP	Super Fine Tippy Golden Flowery Orange Pekoe，多了"Super"一词，意义不言而喻
CTC	Crush Tear Curl，在经过萎凋、揉捻后，利用特殊的机器将茶叶碾碎（Crush）、撕裂（Tear）、揉卷（Curl），使其呈极小的颗粒状，方便在极短的时间内冲泡出茶汁，所以常常用作制造茶包使用

一般来说，大多数奶茶店采用的红茶原料是性价比较高的锡兰红茶和阿萨姆红茶。

1.锡兰红茶

锡兰红茶产自斯里兰卡，最初作为奶茶原料源于英殖民时期的中国香港。红茶是斯里兰卡的支柱产业，斯里兰卡全国共六大产区，年产红茶25万吨。按产区的海拔高低又分为"高地茶""中段茶""低地茶"，其中作为奶茶原料更为适合的是乌沃产区的高地红茶，其最佳品质期集中在每年的7—9月。乌沃产区的锡兰红茶的特点是茶汤呈橙红色且透亮，口感醇厚，带有一定的苦涩味，但回味甘甜悠长。

目前，很多奶茶店都用锡兰红茶作为原料，市面上的货源也非常充足。那么，如此盛行的一款茶叶，又怎么去鉴别它的真与假、好与差呢？在此，笔者给大家介绍3个简单的鉴别方法。

（1）看。纯正的锡兰红茶多呈无规则细小碎片状，产品颜色呈较深的赤褐色。而拼配的"锡兰红茶"因为其成分里有太多的国产茶，其颜色往往呈黑色、浅褐色或褐红色，茶形也不尽相同，如下图所示。

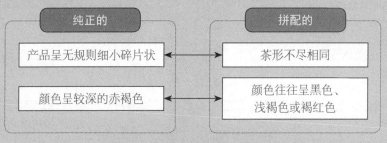

通过"看"来鉴别锡兰红茶

（2）泡。纯正的原产地锡兰乌沃红茶，其冲泡后的特征非常明显，作

69

为奶茶原料通常开水泡制1～2分钟即可，茶汤呈透亮的橙红色，汤面有一圈金黄色的光圈。而拼配的"锡兰红茶"因为茶味不足往往需要泡制较长的时间，茶汤通常有橙黄色和红黑色两种，大多没有金黄色的光圈，如下图所示。

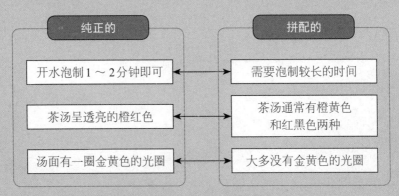

纯正的	拼配的
开水泡制1～2分钟即可	需要泡制较长的时间
茶汤呈透亮的橙红色	茶汤通常有橙黄色和红黑色两种
汤面有一圈金黄色的光圈	大多没有金黄色的光圈

通过"泡"来鉴别锡兰红茶

（3）品尝。纯正的锡兰红茶茶味非常醇正、浓郁，作为奶茶原料的锡兰红茶因为品级并不算高，往往有一定的苦涩味，但在制作出奶茶成品后苦涩味会被奶味和茶味掩盖，入口饱满、回味甘冽不挂嗓。而拼配的"锡兰红茶"茶味通常不够醇正，表现为茶味淡薄、苦涩味较重，以其为原料制作的奶茶成品，要么茶味不突出，要么苦涩味难以调和，入口苦涩味会迅速扩散到舌头两侧，且回味相对清淡，如下图所示。

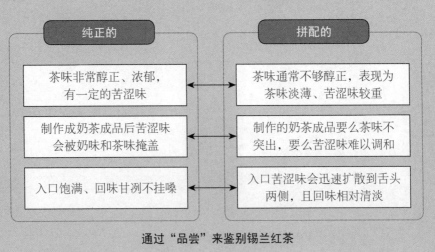

纯正的	拼配的
茶味非常醇正、浓郁，有一定的苦涩味	茶味通常不够醇正，表现为茶味淡薄、苦涩味较重
制作成奶茶成品后苦涩味会被奶味和茶味掩盖	制作的奶茶成品要么茶味不突出，要么苦涩味难以调和
入口饱满、回味甘冽不挂嗓	入口苦涩味会迅速扩散到舌头两侧，且回味相对清淡

通过"品尝"来鉴别锡兰红茶

2.阿萨姆红茶

阿萨姆红茶产自印度东北部的阿萨姆邦，该邦也是继中国之后，世界上第二个进行商业茶叶生产的基地。阿萨姆红茶在阿萨姆邦的发展最初只是为了遮阳庇荫而种植，后由于气候适宜，逐渐发展为现今世界四大红茶之一，其最佳品质期是每年的6—7月。阿萨姆红茶相对于锡兰红茶来说颜色更深，口味也更重，通常呈深褐色，茶汤呈深红偏褐色，带有淡淡的麦芽香，茶味非常浓烈，在口感上属烈性茶，作为成品茶通常会被拼配上其他茶叶以适度中和其口感。

印度不同于斯里兰卡，对红茶的加工工艺要求更高，作为奶茶原料用到的阿萨姆红茶通常是采用CTC加工工艺的碎形茶，其外形呈卷曲小颗粒状，出味较条形茶更快。和锡兰红茶一样，市面上的所谓"阿萨姆红茶"有相当一部分也是国产茶拼配甚至完全的国产茶喷洒香精制成，品质可谓参差不齐，这也成了令很多饮品店主头疼的问题。那么，怎样去鉴别阿萨姆红茶呢？大家可通过下面的3个方法来鉴别。

（1）看。纯正的阿萨姆红茶通常采用CTC加工工艺，呈卷曲的小颗粒状，如小米的米粒大小，且大小均匀，颜色呈深褐色。而拼配的"阿萨姆红茶"往往大小不均匀，还有不少呈碎渣状，颜色也深浅不一，如下图所示。

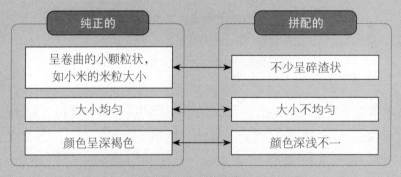

通过"看"来鉴别阿萨姆红茶

（2）泡。纯正的阿萨姆红茶一般需要泡制2～4分钟，茶汤颜色呈深红偏褐色。而拼配的"阿萨姆红茶"因为茶味不够醇厚，通常需要泡制较长的时间来提取其风味，且茶汤颜色往往会呈橙红色或呈黑褐色，如下图所示。

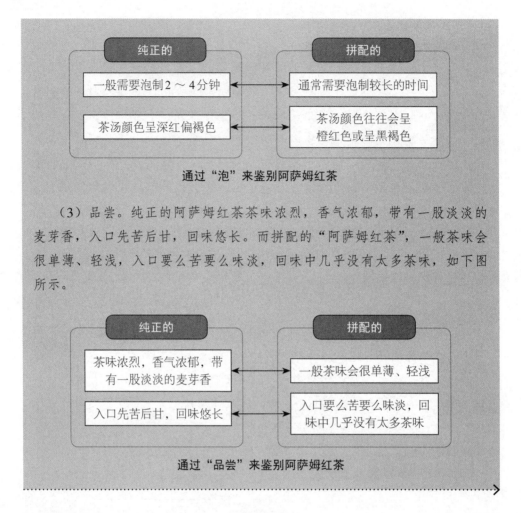

通过"泡"来鉴别阿萨姆红茶

（3）品尝。纯正的阿萨姆红茶茶味浓烈，香气浓郁，带有一股淡淡的麦芽香，入口先苦后甘，回味悠长。而拼配的"阿萨姆红茶"，一般茶味会很单薄、轻浅，入口要么苦要么味淡，回味中几乎没有太多茶味，如下图所示。

通过"品尝"来鉴别阿萨姆红茶

3.乌龙茶

乌龙茶属于青茶、半发酵茶，其品种较多，是中国独具特色的茶叶品类，是经过采摘、萎凋、摇青、炒青、揉捻、烘焙等工序后制出的品质优异的茶类，如图8-3所示。

乌龙茶加工中的萎凋以及反复不断的摇青工艺，是保证乌龙茶品质的关键。晒青和晾青的程度适当，能够调节萎凋过程中的水分适当蒸发和内部物质的分解，并有效控制茶多酚类化合物的氧化、叶绿素的分解以及水浸出物、氨基酸、可溶性糖类的增加。

不同种类的乌龙茶所产生的香气会有所不同，除茶树品种、产地因素影响外，发酵程度的影响也很大。一般来说，发酵程度轻的，其香气就形成包种茶的风格，发酵程度重的，就形成接近红茶香气的风格。发酵较轻的闽南乌龙与发酵较重的闽北乌龙，其香气间的明显差异主要在于加工工艺的不同。

根据乌龙茶香气的特性，可以将它归类为尾香茶。尾香茶可以用酸类水果进行搭配，再用糖和果酱来平衡酸甜的入口体验。因此，消费者在饮用此类乌龙茶饮品时，最明显的感觉就是口感记忆点比较清晰，在酸甜平衡、果香丰富的同时，回味以乌龙茶来收尾，可以起到很好的延续饮品香气的功效。

图 8-3 乌龙茶

二、奶类

奶茶的材料种类非常多，单单是奶类原材料的大类别就有牛奶、奶粉、炼乳这三类。当然，市面上也有奶茶店为了节约成本，采用各种奶精（植脂末）来作为替代品。

1. 牛奶

液态牛奶有低温保鲜奶和常温奶两种。

低温保鲜奶，通常是指用原奶经过巴氏灭菌和均质处理制成的牛奶，也叫巴氏奶，俗称鲜奶。

常温奶是采用超高温杀菌技术的牛奶，由于它具有保质期长、储存方便以及各种营养成分的含量比较充足等特点，很多人更愿意选购它。

牛奶是奶茶中很重要的原料，它直接影响着奶茶的口感，因此一家奶茶店要制作出让消费者喜爱的奶茶产品，牛奶的选择尤为重要。

2. 奶粉

奶粉一般是以新鲜牛奶或羊奶为原料，用冷冻或加热的方法，除去鲜乳中几乎全部的水分，干燥后添加适量的维生素、矿物质等加工而成的冲调食品。在制作奶茶时，为了减少脂肪的摄入量，可以选择脱脂奶粉作为原料。

3. 炼乳

20世纪90年代，港式奶茶风靡内地，港式茶餐厅也因此大受欢迎。同一时期，台式奶茶也在珠江三角洲登陆，并迅速在全国蔓延开来。

多年后，由于各地口味、需求的不同，在港式奶茶、台式奶茶的基础上，各大品牌开始对经典奶茶进行本土化改良，以适应新的消费需求。在这些改良中，除茶叶、糖、小料等物料的变化外，奶茶底也为奶茶优化提供了灵感，而炼乳是奶茶底中关键的元素之一，如图8-4所示。

图 8-4　炼乳

在中国香港特区，港式奶茶有一种独特的喝法——茶走。因当地人有"砂糖惹痰"的说法，茶餐厅就用炼乳替代砂糖与淡奶，用作甜味与奶味的替代。当时，为了证明自己使用的是真材实料，不少茶餐厅在奶茶中加入炼乳后并不搅拌，而是让其沉到底部，形成漂亮的分层。

至此，用炼乳做奶茶开始在中国香港特区流行，并传至广东。在广东各地，许多奶茶店会按照一定比例将植脂末、奶油、淡奶、炼乳进行混合，制作出有自家特色的奶底。用这种做法制作出的奶茶兼具了港式奶茶与台式奶茶的优点，奶香醇厚、茶感突出。

此后，炼乳在茶饮中的应用愈加广泛。除将其加入奶盖、奶底中，有效提升饮品风味及口感外，还可以使用炼乳制作"炼奶冻"，作为小料为饮品增加层次感，赋予"吸"奶茶更多乐趣。

4. 奶精

奶精又称植脂末，是以精制植物油或氢化植物油、酪蛋白等为主要原料的新型产品。奶精速溶性好，通过香精调味后其风味近似牛奶，在食品加工中可以代替奶粉或使用它而减少用奶量，从而在保持产品品质稳定的前提下，降低生产成本。

三、糖类

制作奶茶用的糖类一般是白砂糖、果糖、蜂蜜、黑糖等。其中蜂蜜常用于制作蜂蜜柚子奶茶等饮品。

1. 白砂糖

白砂糖（如图8-5所示）是以甘蔗、甜菜为原料（一步法）或以原糖为原料（二步法），通过榨汁、过滤、除杂、澄清（以上步骤原糖不需要）、真空浓缩煮晶、脱蜜、洗糖、干燥后得到的。白砂糖是食用糖中最主要的品种，在国外基本上所有食用糖都是白砂糖，在中国，白砂糖占食用糖总量的90%以上。白砂糖的等级可分为精制级、优级、一级、二级。

图 8-5　白砂糖

白砂糖在饮品中的使用表现具体如图8-6所示。

表现一 ▶ 甜感持久，在饮品的3个阶段甜感平稳，中段及尾段表现甜感醇厚

表现二 ▶ 保留了蔗糖的清香，在饮品中使用能够较好地协调原料之间的平衡

表现三 ▶ 冷热饮皆可

图8-6　白砂糖在饮品中的使用表现

白砂糖为固体颗粒状，其具有遇热熔化的特性，这使它在制作冷饮时需要经过烦琐的化糖步骤，所以奶茶店一般用白砂糖制作热饮和自制加糖小料。

2.果糖

果糖（如图8-7所示）存在于蜂蜜或水果之中，和葡萄糖结合后就是我们日常食用的蔗糖。纯净的果糖一般为无色晶体，通常状态为黏稠性液体，易溶于水、乙醇和乙醚。果糖从水果和谷物中提炼出来，是一种纯天然的、甜味浓郁的新型糖类，受到很多人的欢迎。果糖口感好、甜度高，并且具有升糖指数低、不易导致龋齿的优点。果糖是浓度最高的天然糖，且有一个特性，就是温度越低，甜度越大，这个特性注定了它极其适合制作冷饮。炎炎夏日，用它制作冷饮可以带给消费者非常好的口感，因此其为各大奶茶品牌所钟爱。

此外，果糖的甜味散发得快消失得也快，这能使消费者在品尝到奶茶的甜味之后，又可以很快地感受到奶茶的香味，不会因为过于腻人的甜味而掩盖住其他香味，影响口感。果糖能够和不同的配料味道共存，因此大多数奶茶店会把果糖作为糖类用料的首选。

3.蜂蜜

蜂蜜（如图8-8所示）的主要成分是葡萄糖和果糖，还含有一些

图8-7　果糖

氨基酸、维生素、矿物质以及活性酶等多种营养成分，营养丰富，可以加入奶茶中。但是，奶茶的温度不能超过40℃，否则和蜂蜜混合以后，容易破坏蜂蜜中富含的维生素C，不利于人体吸收其中的营养成分。

图8-8　蜂蜜

4.黑糖

黑糖（如图8-9所示）是一种没有经过高度精炼带蜜成形的蔗糖，颜色比较深，带有焦香味。黑糖奶茶就是加了黑糖制作而成的。

图8-9　黑糖

四、咖啡类

咖啡也是调制奶茶最常用的原料之一，一些奶茶店会有专门的奶咖系列产品供消费者选择。将咖啡类原料加入奶茶中，可使奶茶香气更浓，喝起来更香。

五、辅料类

所谓奶茶的辅料，所涉及的范围非常广，从作用上分主要有3种，即调味用料、增味用料和美化用料（包装用料），三者均是在原味奶茶的基础上对其进行再加工的辅助用料。

1. 调味用料

调味用料，顾名思义是调味用的材料，包括市面上常见的果味奶茶（如草莓奶茶、蓝莓奶茶、香蕉奶茶等）、巧克力奶茶、香草奶茶等，都要用到调味用料。调味用料从低端到高端基本上有果味粉、固体粉、果露、浓缩果汁、茶浆、鲜果汁等，其中果露用得较少，浓缩果汁和鲜果汁则作为果味奶茶的原料经常使用。

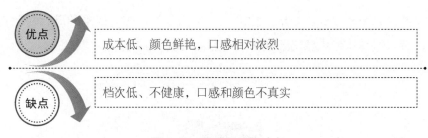

优点　成本低、颜色鲜艳，口感相对浓烈

缺点　档次低、不健康，口感和颜色不真实

图 8-10　果味粉的优缺点

（1）果味粉。果味粉是较早期的调味用料，其优缺点如图8-10所示。

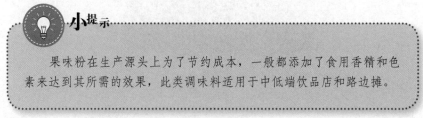

小提示

果味粉在生产源头上为了节约成本，一般都添加了食用香精和色素来达到其所需的效果，此类调味料适用于中低端饮品店和路边摊。

（2）固体粉。奶茶里加入一些粉体原料也能达到比较好的调味效果，比如可可粉、抹茶粉、椰子粉等。如可用原味可可粉来调制巧克力奶茶，其效果也相当不错。

（3）茶浆。茶浆是采用果肉纤维制作的浆状调味料，一般经过脱酸处理，相对来说更健康，口感和颜色更为真实，缺点是相对果味粉来说成本更高（通常一杯500毫升的奶茶中，茶浆的成本在0.4元左右），颜色也没有果味粉鲜艳（毕竟是没有添加色素的，不可能对饮品颜色产生过于强烈的影响）。

小提示

　　茶浆本身不能即冲即饮，必须在原味奶茶成品的基础上进行再加工，其更适用于中高端饮品店或家庭自制自饮。

（4）鲜果汁。可选择当季产出的各种新鲜水果榨汁，使用前务必洗净并去皮；果肉容易变色的水果（如苹果、梨等），可先用少量清水浸泡。制作奶茶经常用到的水果种类有柳橙、凤梨、百香果、柠檬等，可到大型超市及水果店购买。

2. 增味用料

这里所说的增味用料，其涉及的产品面较广，市面上比较通用的主要有珍珠、椰果、红豆、布丁、仙草，具体介绍如表8-1所示。

表8-1　增味用料的特点与用法

序号	品种	特点与用法
1	珍珠	珍珠起源于中国台湾，市面上也常见。珍珠的做法一般是煮制，需要煮上几分钟再焖上几分钟（具体时间因品牌不同而不同，请咨询供应商）后放凉使用，为防止煮好的珍珠相互粘连，可以在里面放入少许果糖稍拌一下
2	椰果	椰果和珍珠不同，一般以成品的方式生产和保存，通常放在糖水里保存。在使用椰果之前，建议先过一遍水，以减少其对奶茶口味的影响

续表

序号	品种	特点与用法
3	红豆	一般以干红豆和红豆酱两种形式存在，各有特点，根据实际需要选择
4	布丁	作为奶茶里面添加的布丁，其作用一般是增加奶茶的滑度、稠度和饱满度，通常是不添加糖分的；单品布丁或布丁双皮奶是需要加糖的
5	仙草	在南方比较盛行的一种产品，既可作为单品，也可作为甜品底料，还可作为奶茶或其他饮品的添加料，其成品与布丁类似（单指仙草冻），颜色呈黑色透亮，口感微苦。作为增味用料用在奶茶制作中时，仙草需先用少量清水化开，再将化开的仙草汁倒入沸腾的水中煮制，煮好后放凉备用

3.美化用料

美化用料，顾名思义，是对奶茶成品进行美化的用料，通常大家看到的盆栽奶茶、奶盖奶茶、提拉米苏奶茶等都是使用此类原料进行再加工的奶茶产品。常用美化用料主要有淡奶油和奶盖粉，具体介绍如表8-2所示。

表8-2　美化用料的特点与用法

序号	品种	特点与用法
1	淡奶油	淡奶油是一种相对健康的动物奶油，需要加糖打发使用，多用来裱花，也可作为盆栽奶茶或其他奶茶的基底。一般的用法是打在奶茶液面上起承上启下的作用，上面可以点缀奥利奥碎、可可粉、抹茶粉、红豆以及淋酱等产品进行包装和美化
2	奶盖粉	奶盖粉又叫奶泡粉，用来打发奶泡，很多拉花的奶茶和咖啡上面一层白色的泡沫就是奶泡。奶泡作为一种美化用品，其可操作空间也是很大的，可以打薄一点儿直接拉花，也可以在上面撒上密度比较小的各类粉剂（如抹茶粉、可可粉）做出各种形状，效果非常好

第九章　奶茶制作设备

看似一杯小小的奶茶，其制作起来要用到的设备和工具却不少，特别是对于奶茶店来说，更需要一些专业的制作设备才行。

一、基础型设备

对于奶茶店来说，基础型设备是必备的，主要包括平冷操作台、水槽、净水器、保温桶、封口机、量具、吧勺、滤网、包材、糖压瓶、开水机、电磁炉、煮锅等。

1. 平冷操作台

平冷操作台是一款非常实用的设备，一般是不锈钢机身，表面是一个平面操作台，内部是带冷藏或冷冻功能的储藏室，上面可以放置物架，置物架上可以放置保温桶、密封盒、小型设备及一些常用物料，表面可以挖槽放份数盘（一般放置8～12个），份数盘直接连接下面的冷藏室，里面可以放置一些需要冷藏但又常用的原料（如红豆、布丁、椰果及煮好的珍珠等），台面可以作为正常操作平台使用，如图9-1所示。

图 9-1　平冷操作台

平冷操作台是一款难以取代的设备，常见的一般有1.2米、1.5米及1.8米三种规格，如需其他规格也可以定做。

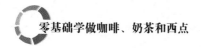
2. 水槽

奶茶店用的水槽和家用水槽不同，基于各种需求，一般是不锈钢制作，槽面比家用的大，通常接两个水龙头，一个普通水龙头清洗器具和洗手用，另一个接净水器出弱碱性纯净水制作产品用，通常槽面还有一个可移动的盘面，用于暂时存放器具及沥水用，如图9-2所示。

图9-2 水槽

3. 净水器

净水器主要是过滤和净化自来水用的，夏季时很多冷饮都需要用到凉水。净水器国产和进口的价位相差较大，创业者可根据自己的预算来选购，如图9-3所示。

4. 保温桶

保温桶用于存放奶茶等，可以起到保鲜和保温的作用。保温时间约为6小时，保冷时间可达12小时以上。一般奶茶店需要备2～4个保温桶，常见的容量有10升的和12升的两种，如图9-4所示。

图9-3 净水器

图9-4 保温桶

5. 封口机

封口机是一般奶茶店最常见的设备，有全自动和手动之分（还有一种半自动的，用得很少）。最好选购全自动的，使用的时候只需把杯子放上去，就能自动封口，比手动的快，在封口的时间还可以做其他事，既方便又利于提高工作效率。

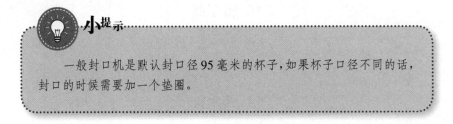

小提示

一般封口机是默认封口径95毫米的杯子,如果杯子口径不同的话,封口的时候需要加一个垫圈。

6. 量具

量具指的是量杯、量筒，不管是开什么类型的奶茶店，这些东西都是必备的。量杯和量筒容量从50毫升到10升不等，较为常用的是500毫升、1升、5升三种，如图9-5所示。

7. 吧勺

常见的吧勺是不锈钢材质的，一头是勺子，另一头是叉子，勺杆呈螺旋状，一般用于搅拌，技术流还可用于引流，建议至少配2只，如图9-6所示。

图9-5 量杯

图9-6 吧勺

8. 滤网

滤网是过滤茶汤的重要工具，常见的有普通滤网和滤袋两种。对于CTC茶和TPC茶来说，需要120目以上的，建议采用200～300目的，如图9-7所示。

图 9-7　滤网

图 9-8　糖压瓶

图 9-9　步进式开水机

9. 包材

包材包括杯子、杯盖或封口膜、吸管、打包袋等物品。

10. 糖压瓶

糖压瓶一般装果糖或其他浆体、液体使用，如图9-8所示。

11. 开水机

开水机的主要用途是烧热水泡茶。除此之外，还有其他很多用处，比如一些粉末状原料，如抹茶粉、可可粉类，只能用热水来调开，冷水不行，因为那样会黏在一起搅拌不均匀，有颗粒感，十分影响产品口感。奶茶店热水用量很大，一般只有用开水机才能保证热水随时供应，如图9-9所示。

12. 电磁炉

电磁炉一般用来煮珍珠、布丁、仙草、芋圆这一类辅料或甜品，如图9-10所示。

13. 煮锅

作用同电磁炉。

图 9-10　电磁炉

二、季节型设备

季节型设备一般受季节影响，通常是夏季必备的，主要有制冰机、沙冰机、雪克壶等。

1. 制冰机

一杯冷饮产品，要保证它的冰度与口感，都与冰块的形状相关，那么什么形状的冰块适合做什么类型的产品呢？

市面上的制冰机制出来的冰块有方冰、月牙冰、雪花冰、片冰等形状的，奶茶店目前使用最多的是方冰与月牙冰，这两种形状的冰块相对于其他形状的冰块来说更适合做茶饮。

一般奶茶店的冷饮分两种类型，一种是奶茶或者水果茶直接加冰块，另一种是做成冰沙。直接加冰块的产品主要是提升产品的口感与增添鲜度，但要一杯产品在出品后的一段时间内还能保持一定的口感与鲜度，那就适合用月牙冰了，月牙冰是实体冰，持久性强，融化速度慢，能更长时间保持产品的稳定性。冰沙系列的产品一般都是水果与冰块在沙冰机中打到融合，口感要绵密细腻，这就适合用方冰。方冰是空心冰，相比月牙冰，其更容易打碎至绵密，也能与水果更好地融合。

可见，冰块在饮品中扮演着极其重要的角色，制冰机是奶茶店必备的设备之一，如图9-11所示。奶茶店常用的制冰机主要有以下3种。

（1）吧台式制冰机。吧台式制冰机主要是和水吧台做成一个整体台面来使用，这样的设计，水吧师可以直接从这个吧台制冰机里拿取冰块，就不用再在台面开一个冰槽储冰了。这样不但可以增加台面的操作空间，而且能够避免冰槽挤占吧台的内部空间，从而大大提高了水吧台的实用性。此外，这种二合一的整体台面的最大亮点是：外形美观、高档，占用店面空间小。

吧台式制冰机的产冰量为60～120千克/24小时，冰桶的储冰量为20～40千克，按照50千

图9-11　制冰机

克能满足100人次左右的客流量来计算,这种吧台式制冰机能满足的客流量是100～200人次。如果奶茶店选址地段旺,客流量超过了这个范围,就需要购买其他机型的制冰机。

（2）一体式制冰机。一体式制冰机也可以叫嵌入式制冰机,整体外形美观,它既可以和吧台组合成整体台面,也可以嵌入吧台里面。这样的设计使制冰机和吧台的组合更加灵活:既可以做成常温的吧台嵌入制冰机,又可以做成带冷藏、冷冻或者双温功能的吧台嵌入制冰机。

一体式制冰机不仅节省空间,还大大提高了吧台的操作实用性,提高了店铺的整齐度,特别适合空间较小的门店使用。但是,这样的制冰机,如果是中高档的店面使用,就会显得有些掉价了。"鱼与熊掌不可兼得。"所以选购时要根据自己的店面需求来挑选。

一体式制冰机的产冰量为50～140千克/24小时,冰桶的储冰量为15～40千克,按照50千克能满足100人次左右的客流量来计算,这种一体式制冰机能满足的客流量是100～300人次。如果奶茶店选址地段旺,客流量超过了这个范围,就需要购买分体式制冰机。

（3）分体式制冰机。所谓的"分体"是指制冷压缩机和冰桶是分离的,购买者收到这样的制冰机时两个部分是分开打包的,只需要把压缩机部分抬放到冰桶上面进行组装就可以了。这种制冰机产冰量大,冰桶储冰量也大,一般的连锁加盟奶茶店用的都是这种制冰机。

分体式制冰机的产冰量为160～1000千克/24小时,冰桶的储冰量为150～470千克,按照50千克能满足100人次左右的客流量来计算,这种分体式制冰机能满足的客流量是300～2000人次。无论奶茶店所在地段有多旺、客流量多大、用冰速度有多快,这样的产冰量和储冰量都是可以满足需求的。

相关链接 ◂ ⋯⋯⋯⋯⋯⋯⋯⋯⋯⋯⋯⋯⋯⋯⋯⋯⋯⋯⋯⋯⋯⋯⋯⋯⋯

冰块对奶茶的四大影响

1.锁住茶香,苦涩感全然消失

苦涩的奶茶可以增加糖和奶,但只能适量增加,不然太甜腻也是一杯质量不过关的饮品。这时候,冰块的效果就体现出来了。在奶茶中掺入冰块，可以使奶茶快速冰镇来锁住茶香并削减茶的苦涩味。所以当茶水太苦涩的时候可以在杯子里加冰块，而不是加过多的糖。

2.保鲜、抑菌，更健康

冰箱的作用是什么呢？锁鲜啊！低温下的食物保存更简单，加冰块的奶茶也是一样的。低温下细菌活动较弱，分化也就更弱了，因而会大大削减异味的形成。加了冰块的奶茶在低温状态下不仅更易保鲜、保温，外观也会更漂亮。

3.合适的温度令美味更长久

每种食物因其固有的特点都会有其最适合的进食温度，太高或太低的温度都会影响食物的口感，因而一般做热饮的时候也会适当掺入一些冰块来降温。而且温度太高会降低人的味觉分辨能力，对营养的吸收也不利。

4.实现美感创意：分层效果的帮手

在做一些分层的奶茶时，因为冰块密度的原因，借助冰块更容易做出分层的效果。比如在顶层放置饼干、珍珠等点缀食品的奶茶，没有冰块填充在点缀食品与奶茶之间，上层就容易坍塌，无法实现分层的效果。

2. 沙冰机

沙冰机即打冰沙用的设备，一般刀头有4个刀片，和榨汁机、豆浆机及营养调理机有区别。价位普通的几百元，好点儿的一两千元，如图9-12所示。

3. 雪克壶

雪克壶是常见的摇酒设备，一般常用的有350毫升、500毫升和750毫升3种大小，材质上有不锈钢和树脂两种，不锈钢的多用于酒吧，奶茶店通常采用树脂的。因为很多原料（尤其是果糖）在水温低的时候溶解度也会相应降低，所以雪克壶可以说是冷饮店必备，但其不适用于热饮。如图9-13所示。

图9-12 沙冰机

图 9-13　雪克壶

三、产品型设备

产品型的设备种类非常多，受不同的产品和产品定位影响，需求方面有所区别。一般一台设备只适用于某些产品，针对性很强，奶茶店常见的此类设备有咖啡机、打蛋机、冰淇淋机、刨冰机、冰粥机、奶泡壶、冰柜、榨汁机、摇摇机等。

1.咖啡机

咖啡机有手动、自动、半自动3种，手动的就是那种手摇式的，一般奶茶店用的多是半自动的，价位从几千元到几十万元不等。一般奶茶店配备咖啡机的积极性不高，只是附带做咖啡的用咖啡粉就行了。

2.打蛋机

奶茶店用打蛋机倒不是为了打鸡蛋，一般是用于打淡奶油和奶泡，如果有这方面产品的需求，还需要配备裱花袋和拉花棒，如图9-14所示。

3.冰淇淋机

冰淇淋机，顾名思义，是做冰淇淋用的机器，有台式和立式之分，价位多集中在4000～10000元，可以调节膨化率（冰淇淋的软硬度）。

图 9-14　打蛋机

4. 刨冰机

刨冰机是刨冰用的设备，随着产品和设备的发展，现在很多奶茶店已经逐渐淘汰了这种设备。其有手动和自动两种，价位都不高，一般一台只需几百元。

5. 冰粥机

冰粥机是做冰粥用的设备。

6. 奶泡壶

奶泡壶是储存奶泡用的设备。

7. 冰柜

有芋圆、鲜榨冷冻果汁等原料需要冷冻处理的店面才购置冰柜。

8. 榨汁机

榨汁机作鲜果榨汁用，一般不建议大家采用鲜果榨汁，因为原料的储存、耗损问题非常多，而且口感、成本和质量深受季节和地区限制。如果只是为了健康和口感，鲜榨冷冻果汁是非常好的替代品。

9. 摇摇机

摇摇机用于调制加了奶昔粉的饮料和果汁冰饮，同时也可用于奶茶产品的快速摇匀，如图9-15所示。

图 9-15　摇摇机

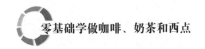
四、高端型设备

高端型设备是指必要性不高的设备，有了会方便一些，没有也不会有太大影响，一般用于提升店面档次，多见于品牌连锁店和中高端店，常见的有果糖机、全自动封口机等。

1. 果糖机

果糖机用于定量果糖，果糖定量可使同一种产品的甜味保持一致，不至于出现有的很甜，有的甜度又不够的情况。果糖机可定量输出多种规格的糖量，操作简单方便，有助于提高工作效率，如图9-16所示。小型奶茶店也可用糖压瓶代替。

2. 全自动封口机

全自动封口机比手动封口机在效率、外观、质量、便利性上都有很大的提升，但是价位较高。目前，大多数奶茶加盟店会用全自动封口机，如图9-17所示。

图 9-16　果糖机

图 9-17　全自动封口机

五、常用工具

要想开一家奶茶店，除要购置必备的设备外，还要添置相应的工具才能完成奶茶的制作。奶茶店常用的工具如表9-1所示。

表9-1　奶茶店常用工具

序号	品名	规格或材质	数量
1	盎司杯	大、中、小均备	3只
2	糖勺	各种大小都要备	各规格×2把
3	奶精勺	—	2把
4	珍珠漏勺	—	6把
5	量杯	斜嘴三件套	3只
6	冰铲	小号	2把
7	温度计	电子	2支
8	计时器	可计时1s～90min	1个
9	电子秤	20千克、2千克（0.1克精度）均备	2个
10	压瓶	700毫升	6个
11	份数盒	8号欧式	8套
12	奶精刷	—	2个
13	水果刀	不锈钢	1把
14	菜板	塑料	1个
15	珍珠漏网	—	1个
16	滤茶布	尼龙袋，约40目	2个
17	泡茶锅	不锈钢，带盖，容量10千克左右为佳	2个
18	水壶	—	1个
19	剪刀	大号	2把
20	开罐器	—	1个
21	PP杯（冷）	16盎司（500毫升）杯+封口膜+圆盖	按需要

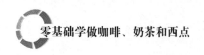

序号	品名	规格或材质	数量
22	PP杯（热）	12盎司（350毫升）杯+平盖+外纸盖	按需要
23	吸管	20厘米粗	按需要
24	密封罐	不锈钢，带盖，直径一般在13厘米至18厘米	按需要

第十章　港式奶茶制作

　　港式奶茶是中国香港特区独有的饮品，以茶味重、偏苦涩、口感爽滑且香醇浓厚为特点。其制作方法较内地奶茶复杂，需经过"捞茶、冲茶、焗茶、撞茶、再焗茶、撞奶"六道工序，以保证奶茶中保留茶叶的浓厚口感。港式奶茶冲制技艺在2014年被成功列入"非物质文化遗产"。

一、港式奶茶的由来

　　说到港式奶茶的起源，最早可以追溯到英式下午茶。据传在17世纪，贝德福公爵夫人安娜·玛利亚开始在下午享用英式奶茶和点心，并邀请友人共享。很快，这股下午茶的风潮就席卷了英国上流社会。18世纪中期以后，下午茶逐渐开始平民化，盛行于饭店和百货公司之间。

　　一般来说，英式下午茶的组成主要是点心和英式奶茶，如图10-1所示。点心用三层瓷盘呈现，从下至上分别是三明治、司康、蛋糕和水果塔等；奶茶方面，早期的奶茶原料以中国的祁门红茶为主，后来慢慢地采用在印度及斯里兰卡种植的红茶，而斯里兰卡的锡兰红茶也是后来港式奶茶的重要原料之一。

图10-1　常见的英式下午茶

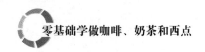

1842年，英国殖民者将英式奶茶和下午茶文化带入中国香港。在中国香港被英国统治的年代，绝大多数中国香港人从事的是体力劳动，为了支撑高强度的工作，他们对英式奶茶进行了本土化改良，在英式奶茶的基础上，增加糖的用量以补充体力，提高茶的浓度以消除困意，最终形成了偏重茶味、口感爽滑醇厚的"港式奶茶"。

可见，虽然港式奶茶源于英式奶茶，但味道、用料、制作方法已经与英式奶茶大不相同。最具代表性的是创立于1952年的"港式奶茶始祖"兰芳园，其创始人林木河先生首创了丝袜奶茶和鸳鸯奶茶，这是中国香港人心目中地道的港式奶茶，而港式奶茶的流行，也让茶餐厅和冰室开遍寸土寸金的香港。

1997年后，港式奶茶进入中国内地。起初港式奶茶是茶餐厅中的"配角"，作为与餐食搭配的饮品选择。直到2011年，港式奶茶才开始作为独立的茶饮门店而流行。

二、港式奶茶的特点

完美的港式奶茶，茶味浓，奶味亦浓，且奶味不能掩盖其茶味，茶与奶要完美融合，入口的感觉是先苦涩后甘甜，最后是满口留香，茶味浓郁，奶香悠久，入口顺滑如丝，不会一饮而泻，而是延绵细密，有奶油的口感。

奶茶的厚度主要由淡奶及茶汤的浓淡决定，淡奶所含的奶脂一定要够浓，这样才能在奶茶表面凝结一层奶啡色的奶衣，成为挂杯奶茶。而挂杯只算合格了一半，另外，奶味绝对不能掩盖茶味，而且入口先涩后甘，这样才算一杯完美的挂杯港式奶茶。

小提示

　　好的奶茶自己长着标签，一下子就能被认出来，冲得香，撞得滑，茶瘦奶肥，茶味和奶味都清晰可分，但两种味道又配合得天衣无缝，一口喝下去，能让心浮气躁的人马上宁心静气。

三、港式奶茶的制作原料

港式奶茶的制作原料很简单，即配好的茶和淡奶。

1. 茶

奶茶一般用锡兰红茶制作，正宗的港式奶茶不会只用单一的茶叶，奶茶师傅需要根据自己的经验进行搭配，并没有一定的标准。

在中国香港特区，资深的奶茶师傅的拼茶配方是无价之宝。不同的师傅拼配出来的茶口味不一样，每位师傅都有自己的粉丝，大家都是冲着茶的口味去选择的，一旦认定某种口味，就会一直去喝这位师傅拼配的茶。如图10-2所示，茶叶分为幼茶、粗茶和中粗茶，师傅会根据不同的茶叶配出色香味俱全的奶茶。

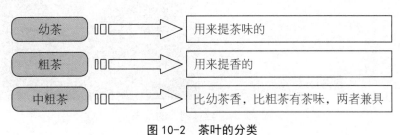

图 10-2　茶叶的分类

2. 淡奶

淡奶也叫奶水、乳水、蒸发奶、蒸发奶水等，是将牛奶蒸馏除去一些水分后的产品。经过蒸馏过程，淡奶的水分比鲜牛奶少一半，没有炼乳浓稠，但比牛奶稍浓。其乳糖含量较一般牛奶高，奶香味也较浓，是做港式奶茶的最好选择。

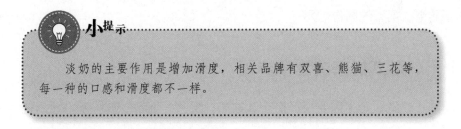

小提示

淡奶的主要作用是增加滑度，相关品牌有双喜、熊猫、三花等，每一种的口感和滑度都不一样。

四、港式奶茶的制作设备

在制作港式奶茶的过程中需要以下3种设备。

1. "丝袜网"

"丝袜网"其实就是一个过滤袋，即用很细的白棉布缝制的茶袋，大小跟拉茶用的不锈钢茶壶匹配。因为茶餐厅冲茶用的茶袋一般都是长期使用的，不会经常更换，时间久了，经过红茶的不断浸泡，白布变成了茶褐色，有点儿像过去人们穿的厚丝袜，故得此称呼，如图10-3所示。

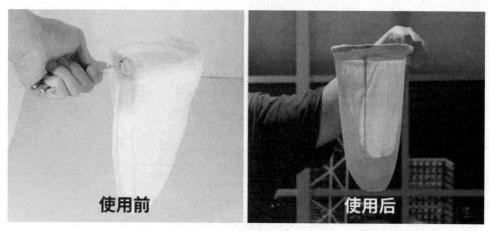

图 10-3 "丝袜网"的由来

2. 冲茶壶

冲茶壶最好是铝制的或不锈钢的茶壶，因为这些材质的壶加热效果好。

3. 电磁炉

所配备的电磁炉要能稳定持久地保持温度，且升温速度不能太慢，否则就达不到港式奶茶的制作需要。

五、港式奶茶的制作步骤

做一杯港式奶茶需要经历捞茶、冲茶、焗茶、撞茶、再焗茶、撞奶这六个步骤。

1. 捞茶

港式奶茶不会只用单一的茶叶，不然便会色、香、味缺一。锡兰红茶之中，粗茶较浓带出茶香，中茶主要用来出色，幼茶色和味同样浓郁，主要用来带出茶味。把粗、中、幼茶叶拌匀，是为"捞茶"。将茶袋放在空置的茶壶里，再倒进茶叶，如图10-4所示。

图 10-4　捞茶

2. 冲茶

另一个茶壶烧水，水开后拿起茶壶，将盛茶叶的茶壶放于电炉板上，把开水倒进茶袋里，冲茶最理想的水温是96℃，如图10-5所示。

3. 焗茶

合上壶盖，焗10分钟左右（时间长短视奶茶师傅的习惯和所选用的茶叶而定），如图10-6所示。

图 10-5　冲茶

图 10-6　焗茶

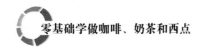
4. 撞茶

打开壶盖，把茶袋拿起，放进另一个茶壶里并置于电炉板上，再把原先茶壶中的茶倒进去，然后这两个壶反过来操作。如此反复进行四五次，以完成"撞茶"的步骤。此步骤目的是希望利用动力把茶的余韵撞出来，并把空气带进茶里，令茶口感更滑，如图10-7所示。

图10-7　撞茶

　　撞茶是为了降低茶汤中的涩味、杂味，同时便于后续茶和奶更加充分地融合，此道程序可以说是制作港式奶茶所必不可缺的步骤。

5. 再焗茶

合上壶盖再焗1分钟左右（时间长短视奶茶师傅的习惯和所选用的茶叶而定）。

6. 撞奶

撞奶其实就是把淡奶倒进预热过的杯子中，让奶稍微有点儿温度，再将奶倒入茶中的过程。应先温奶，再加入茶中，这样茶和奶能充分接触。

一般来说，撞奶的奶和茶比例是2∶8或者3∶7，就是奶占比例为20%或者30%，对应的茶是80%或者70%。

六、港式奶茶的判断标准

一杯正宗的港式奶茶，喝完是不会让人觉得不舒服的。那么，当一杯港式奶茶放在面前，我们该如何来判断它是否正宗呢？具体如图10-8所示。

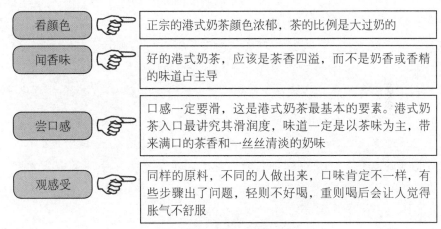

图 10-8 正宗港式奶茶的判断标准

相关链接 ‹···

关于港式奶茶的制作与享用秘密

1.老布茶袋

冲茶用的茶袋一般都是用白色棉布缝制的，过密不容易滤出茶水，过疏茶水很快从茶叶中滤掉，也会影响茶水的浓度和香度。

2.独门配方

因为奶茶是茶餐厅的招牌，一般家家都有自己的独门配方。做奶茶用的茶叶不是用单一的红茶，而是用不同的茶叶混合而成，用哪种品牌的茶叶或是多粗多细的茶叶、比例如何，有些属于秘方，是不外传的。

制作奶茶使用最多的是印度和斯里兰卡的红茶，一般要用到四五种茶叶拼配，粗细不均，各取其香味、色泽、口感和稳定度。配方虽然是秘密，但也不是一成不变的，比如哪一年新买的茶叶品质有变化，还是要重新试验，调整拼配的比例，以让奶茶达到最理想的品质。

煮菜有大厨，调酒有调酒师，泡茶当然也会有酿茶师。每一家认真的茶餐厅都会有专门的师傅负责酿茶，有时候就是老板本人兼任。制作奶茶的茶底是每天开店做生意前的必备功课，即便掌握了独门配方，还是要在手法上不断练习和完善，达到妙到毫巅的境界才能成为一名优秀的酿茶师。按配方配好的茶叶要用很热的开水来冲，水开茶才靓。冲好的茶要在不锈钢茶壶里反复冲拉，只有这样不断地拉，才可逼出茶味并令茶味均匀细致，让茶叶的香味完全释放到热水里，也让不同的茶叶通过拉茶互相匹配与调和，成为一壶色香味都达标的茶底。

3.撞茶的功夫全在手上

撞茶师傅用的工具通常是不锈钢的茶壶，可以直接放在炉子上烧，也可以保存冲好的茶。从很高的位置，把茶冲进架在另一个冲茶壶上面的茶袋里，然后把茶袋取出沥干，再换到另一个壶里重复动作，反复冲泡。茶色越撞越深，究竟要重复多少次，取决于茶叶的配方。

4.撞出香滑好滋味

评价一杯奶茶是否优质好喝，最重要的一个标准就是看它是否够香滑，这跟撞奶的手法有直接关系。冲得很成功的一壶茶底，先不加奶，放在不锈钢壶里保温，而且要在1个小时之内用掉。最后出品之前的点睛工序就是撞奶，要客人随点随做，还可以根据客人的喜好控制加奶的量。奶茶加奶的工序叫作撞奶，就是用一定的手法和力道，把淡奶从高处倒入装好红茶的茶杯里，让热红茶和淡奶形成冲撞，彼此充分融合，这样撞出来的奶茶才会更香滑。如果最后撞奶的工序出了问题，很可能奶茶就会有泄掉的感觉，茶是茶、奶是奶，喝起来很勉强。

5.要么做冻奶茶，要么做热奶茶

冻奶茶和热奶茶都有各自固定的做法和配方。热奶茶放凉了会更苦，直接加冰又会冲淡其原有味道。因此，制作时应当选择是直接做冻奶茶还是热奶茶。

冻奶茶并非热奶茶自然冷却而成，而是在奶茶滚热时加入大量冰块迅速冷却。有时候需要用浓度更高的热奶茶来调配，还要加入店里特调的糖浆而不是普通的白砂糖。因此，一般的茶餐厅都会对冻奶茶另外加收钱，这是行业内的普遍做法。

6.热奶茶用白瓷杯装，冻奶茶用玻璃杯装

热奶茶的颜色比"丝袜"要深，一定要装在白色杯身的瓷杯子里喝才地道，这种杯子是中国香港茶餐厅的典型出品，比一般茶杯、咖啡杯都要厚，造型略显笨拙，却很古朴。因为做奶茶时最后撞入的淡奶是凉的，本身已经把茶的热度降低了，如果再用普通的茶杯装，茶的温度很快就会散光，而热奶茶凉了口味会大打折扣，风采尽失。

丝袜奶茶加了冰块依旧是很漂亮的亚麻色，不会有重度稀释过的痕迹，一般都是装在造型简单的厚玻璃杯里，较厚的玻璃杯或是双层玻璃杯比较能保持冰度，不会被客人一下子用手握热。

7.可以搭配不同的点心

热的港式奶茶可以搭配的点心很多，最常见的是各种厚片吐司面包，烤一烤，涂上炼乳、黄油、糖浆、果酱之类调味，中国香港人称之为西多士，下午茶时间经常点来吃。还有新鲜出炉的蛋挞，也是每家茶餐厅或是点心店的招牌。

跟冻的港式奶茶最搭的点心就是著名的菠萝油，其是用新鲜烫嘴的热菠萝面包，中间切半刀，加上厚片的冻黄油，一口咬下去味道冷热交织、香气层次分明，异常美味。

第十一章　台式奶茶制作

台式奶茶，以珍珠奶茶闻名，最早出现于中国台湾，是泡沫红茶的一种延伸，主要由茶、牛奶和粉圆组合而成，曾经风靡一时，被奉为经典奶茶的一种。

一、台式奶茶的由来

1. 中国台湾的饮茶文化

从清朝年间开始，来自福建省泉州府安溪的移民开始将制茶技术引入中国台湾，同时开始在中国台湾北部栽种铁观音。清朝同治年间，英国商人约翰·杜德对中国台湾茶业发展有很大的贡献。他引进茶苗、提供技术指导、收购茗茶、设精制厂并外销茗茶，使得中国台湾的茶业快速发展。当时，中国台湾外销的茶称为福尔摩沙茶。

在日本占领中国台湾的时代，中国台湾引入了印度的阿萨姆红茶加以品种改良，当时其中部日月潭旁的鱼池乡是最有名的红茶产区。同时，高海拔的乌龙茶开始种植。中国台湾的茶无论是在日本，还是在欧美国家都获得了极高的评价，这也奠定了中国台湾人民喝茶及开展茶叶贸易的基础。

承袭着中国大陆带来的传统，饮茶也是中国台湾很重要的文化，而茶品是一款老少咸宜的饮品。在中国台湾，通常年纪较大的人喜欢乌龙茶跟铁观音这样的半发酵茶，而青少年偏爱全发酵的红茶。将煮好的红茶加入白砂糖及冰块，放入类似调酒罐的容器充分摇晃混合之后，就是中国台湾自20世纪70年代开始广受欢迎的泡沫红茶。而经过这样摇晃混合的茶饮料，在中国台湾被称为手摇杯。由于摇晃茶罐的这个动作相当费时费力，每个人手法跟力道又不同，于是有人研发出电动摇罐机，这就奠定了大量开店的基础。当时泡沫红茶店开遍中国台湾地区，除了饮料之外，还贩售小点心，是青少年群体最喜欢的消磨时间的地方。

2. 台式奶茶的兴起

"珍珠"是中国台湾的一种用树薯制成的点心，通常称为粉圆，因口感有弹性、耐嚼而受到广大民众的欢迎。粉圆煮熟之后加入糖水食用，是一种甜品。然而，在一次意外操作中，茶饮店将粉圆加到了奶茶中，没想到却大受欢迎。这种加了粉圆的奶茶随后被改名为珍珠奶茶，并成为中国台湾最主要的饮品之一。

 **相关链接** ‹ ···

台式奶茶的派别

1.茶叶派

奶茶当中占比最大的还是茶，茶叶的好坏直接影响奶茶的口味。台式奶茶相对港式奶茶或是东南亚流行的英式奶茶，茶味比较清淡，强调奶味跟糖混合出来的甜蜜口感。但是消费者对于商家是否使用好茶叶也相当重视，用好茶叶煮的奶茶，茶味鲜明并带有回甘。

2.牛奶派

奶茶当中，滑润的口感都来自牛奶，可是采用鲜奶跟茶相融合其实并没有那么好喝，以奶精或奶水来调制奶茶往往比较受欢迎。但由于现代人对健康非常重视，鲜奶茶变成了一个有卖点的健康饮品，甚至学着咖啡的命名法将奶茶更名为红茶拿铁，让奶茶多了一分洋气，渐渐变成高级茶饮品牌重要的产品品项。

有些品牌甚至能够摒弃茶叶，开发出了珍珠牛奶、芋头牛奶、绿豆沙牛奶等新产品。以新鲜、高品质且无添加的牛奶作为主打，收服了许多爱喝牛奶却又担心添加剂的消费者的心。

3.珍珠派

珍珠奶茶世界知名的原因在于珍珠在饮料当中带来的趣味性，Q弹的珍珠被粗大的吸管一颗一颗吸上来之后在口里咀嚼，这种由甜品转为饮品的做法也从亚洲开始流行到欧美。

珍珠是树薯粉加入果胶之后凝结而成的淀粉球，原本是白色的，将其加入焦糖并混合了黑糖的甜味便成了目前受人喜爱的模样。值得一提的是，东南亚国家的人们喜欢彩色的珍珠，颜色变化的珍珠除了让人心情大好之外，也让茶饮更加有趣味。

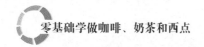
4.水果派

一杯珍珠奶茶的热量相当于一个便当餐盒，热量跟糖分都异常高。当茶饮是否健康变成消费者购买饮料时的考量因素时，顺之而起的替代饮品就是水果茶。水果茶取用大量的水果，富含维生素B族及维生素C，而鲜艳的色彩及带酸甜的口味也争取到不少的粉丝。

百香果、凤梨、柠檬、柚子、草莓、葡萄等都常被用作制作茶饮。由于中国台湾是"水果王国"，水果价格便宜且品质佳，水果茶便也趁势而起，走出了茶饮料的另一条成功之路。

5.颜值派

随着社交软件的流行，茶饮料品牌商开始思考如何呈现产品高颜值画面的问题。一杯美丽到值得拍照分享的手摇杯茶饮蔚为潮流。

从牛奶与黑糖的黑白渐层搭配，到水果茶的鲜艳缤纷色彩；从抹茶的清新绿色，到杧果的诱人黄色，再到蝶豆花的神秘深紫色。除了独特的口味，这些色彩的交替呈现也让手摇杯茶饮在互联网上获得了巨大的宣传流量。

二、台式奶茶的特点

台式奶茶的奶味和茶味平衡，茶中有奶、奶中有茶，茶味不可盖过奶味，奶味亦不可压过茶味。具体的口感要求是：入口顺滑，奶茶进入口腔中呈明显的扩散感和饱满感，入喉后茶叶的香味和奶精的油脂味自然上返回旋、回味。纯正的台式奶茶有两个忌讳，如图11-1所示。

忌奶、水分离，即奶茶入口后能感觉到明显的水味　　忌讳一　　忌讳二　　忌奶精有杂味、异味及不自然的香精味

图11-1　纯正台式奶茶的忌讳

台式奶茶与港式奶茶的区别

1.用料不同

台式奶茶选用的茶种类有红茶、乌龙茶、绿茶等，放入鲜奶作为基础，重点突出奶味，茶味略淡，辅以各种味道不同的果汁及加入珍珠、椰果等制品。台式奶茶饮品普遍偏甜，奶味重，多饮容易生腻，极少搭配其他小食一起食用，单纯是作为饮品出售。

港式奶茶通常选择斯里兰卡的锡兰红茶，加淡奶和糖，通过传统的中国香港手工撞茶工艺，结合茶味和奶味，以茶味为主，以奶味为辅，口感顺滑，并且茶香浓郁，不容易生腻，辅以港式小食，可以延伸出多种搭配的口味，对于消费者来说，这种方式更具新鲜感。

2.味道不同

从味道特色来看，港式奶茶注重茶味，而台式奶茶注重奶味。

港式奶茶对于茶的煮制要求甚高，每次都需经过泡、浸、煮、焖、撞等一系列工序。茶经过反复冲撞，能促使茶香充分散发，并且将茶里的涩味撞走，最后保留住浓郁的茶味。完成撞茶后，在茶还保持鲜热的状态下，加入淡奶，一杯香滑的港式奶茶就诞生了。

台式奶茶属于比较俏皮的类型，因为它的主要消费者为年轻一族，尤其以年轻女生为主，所以它的口味更偏向奶味重，比较甜，有时还添加辅料增加口感，如寒天、珍珠等，所用的奶主要为鲜奶和奶精等。

3.定位不同

这两类饮品的定位也有极大不同。

台式奶茶品牌主打"流行路线"，从品牌形象到门店形象偏向时尚、多彩、阳光的风格；港式奶茶品牌主打"怀旧元素"，从品牌名称到门店内部装饰，尽量往中国香港20世纪八九十年代的风格靠拢。

目前在中国内地，台式奶茶店的数量仍然居多，如果你有心留意，就会发现很多港式奶茶品牌也在快速崛起，如广芳园老香港茶点。广芳园对原料要求十分严格，进口的斯里兰卡红茶、荷兰黑白淡奶以及全透明的制作过程，很容易培养消费者对其产品健康的信任。

三、台式奶茶的制作原料

目前市场上流行的台式奶茶一般由茶汤、植脂末、果糖制成，而较低端的则由速溶奶茶粉按比例冲调而成（路边摆摊的基本上都是这种）。

在茶叶选择上，一般选用印度产的阿萨姆红茶且以粗茶为主，在制作方法上一般按一定比例用沸水泡制（阿萨姆红茶不建议用煮的，味道太重），时间控制在6～8分钟，过滤后取其茶汤按比例加植脂末和果糖，果糖宜选用玉米果糖，其流动性高、透度好。成品的台式奶茶里可加入珍珠、椰果、布丁等辅料，但不适宜加入柠檬片等。

那么，怎样才能做出一杯好喝的台式奶茶呢？先抛开技术不说，只从原料层面上来讲，通常台式奶茶的茶原料大致可以分为三合一奶茶粉（速溶奶茶粉）、茶包、原茶3种。

1. 三合一奶茶粉

三合一奶茶粉是即冲即饮的，在口感和颜色上的可操作空间不大，一般适用于偏低端市场，其特点是成本低、价位低、口感一般。

2. 茶包

茶包一般是煮出茶汤再搭配植脂末和果糖，其口感有一定的可操作空间，但通常这种茶原料中含有香精的成分，一般适用于中低端市场，其特点是成本适中、入口香，但整体口感一般。

3. 原茶

原茶一般采用沸水泡制，再取其茶汤添加植脂末和果糖，其口感随茶叶的产地、档次、制作工艺和泡制手法的不同而不同，一般更适合中高端市场，其特点是成本适中、口感好、适口性强且可操作空间较大。

四、台式奶茶的制作步骤

台式奶茶，上文说过其使用的茶原料主要分3种，一是三合一奶茶粉，二是茶包，三是原茶，下面着重介绍如何使用其中最高端、最健康也最复杂的原茶来制作台式奶茶。随着消费者和大众媒体对健康越来越重视，使用原茶制作

台式奶茶将是以后奶茶市场的一大趋势，其制作步骤一般分为如图11-2所示的
7步。

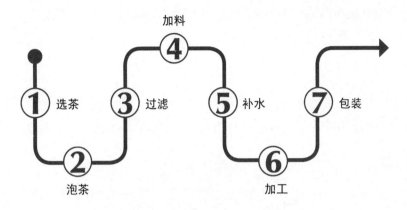

图11-2　使用原茶制作台式奶茶的步骤

1.选茶

精选原产地上等红茶。正所谓"巧妇难为无米之炊"，没有好的原料，技术
再好也是白搭，这里使用的主要是原产地的阿萨姆红茶。

2.泡茶

原茶，不需要煮，沸水泡上几分钟即可，一般建议最佳水温是98℃，茶叶
和水的标准比例是1∶50。当然实际比例根据情况可以调整，一般浮动范围为
1∶35～1∶70。

3.过滤

泡好茶后需要过滤取茶汤，由于茶叶比较细小，这里通常要求使用300
目的滤网进行过滤（目是密度单位，目数越高滤网越精细），最低不能低于
120目。

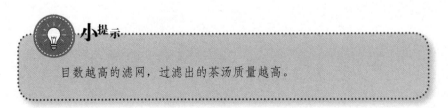

小提示

目数越高的滤网，过滤出的茶汤质量越高。

4.加料

添加植脂末和果糖，关于添加的比例，通常一杯成品450毫升的原味奶茶（一般500毫升容量的杯盛装原味奶茶的量为420～480毫升）需要植脂末45～55克、果糖25～35克。

5.补水

补水的作用主要有两个：一是稀释口感；二是控制温度。很多奶茶店的茶汤是批量泡制的，几个小时后往往已开始变凉，这时候补水就显得至关重要了。

6.加工

截至上一步，一杯原味奶茶已经成形，这一步是在原味奶茶的基础上进行再加工，制作出抹香奶茶、椰果奶茶、珍珠奶茶、红豆奶茶、布丁奶茶等不同品种。

7.包装

通过以上步骤，一杯香气四溢的台式奶茶已经制作完成，剩下的就是包装了。就包装来说，如果是外带产品的话，夏季建议用8克以上塑料杯，冬季建议用10克以上纸杯，封口或加盖根据个人喜好；在门店里饮用的话，建议选用高脚水晶杯或瓷杯。

 相关链接 〈•••

经典奶茶配方与制作方法

1.爱尔兰冰奶茶

配方：红茶水200毫升、爱尔兰威士忌30毫升、蜂蜜30毫升、奶精粉16克、冰块适量。

制作方法：

（1）将冰块倒入雪克壶，8分满。

（2）把爱尔兰威士忌、奶精粉、蜂蜜、红茶水一同加入雪克壶。

（3）用力摇晃均匀，最后倒入杯中即成。

2.薄荷拿铁奶茶

配方：川宁红茶包或立顿红茶包2袋、鲜牛奶80毫升、蜂蜜或糖浆30毫升、沸水200毫升、冰块适量。

制作方法：

（1）将茶包放入杯中，倒入沸水，浸泡2分钟左右，拿掉茶包，倒入蜂蜜或糖浆调味，放凉备用。

（2）牛奶加热到60℃，用奶泡器打成奶沫。

（3）在茶杯中倒入打好奶沫的牛奶与冰块，用鲜薄荷叶装饰即可。

3.冰焦糖奶茶

配方：CTC茶粉10克、沸水150毫升、全脂冰鲜奶500毫升、焦糖炼乳30毫升、碎冰适量、冰奶泡少许。

制作方法：

（1）将沸水倒入雪平锅中，放入CTC茶粉搅溶，以细滤网滤出茶汁备用。

（2）将焦糖炼乳倒入拿铁杯底部，加入碎冰与冰鲜奶后用长匙稍微搅拌，轻轻倒入滤好的茶汁，再加上冰奶泡即成，如下图所示。

冰焦糖奶茶

4.冰仙草奶茶

配方：乌龙茶水450毫升、奶精粉30克、糖浆30毫升、蜂蜜15毫升、仙草冻100克、冰块适量。

制作方法：

（1）将冰块倒入雪克壶中约一半处，加入乌龙茶水、奶精粉、糖浆、蜂蜜后用力摇匀。

（2）将仙草冻切成小块后放入杯中，然后将雪克壶中的奶茶倒入杯中即成，最后带上搅拌勺，出品，如下图所示。

冰仙草奶茶

5.冰爽奶茶

配方：立顿红茶包2袋、牛奶100毫升、蜂蜜30毫升、碎冰适量。

制作方法：

（1）将红茶包放入杯中，冲入85℃的热水100毫升左右，浸泡2分钟后拿出茶包，放凉备用（浸泡期间要不断将茶包上下搅动）。

（2）另取杯倒入牛奶、蜂蜜拌匀后，倒入半杯碎冰，然后倒入红茶水，最后用薄荷叶装饰，插入吸管。

6.冰珍珠奶茶

配方：冰红茶200毫升、奶精粉2咖啡勺或者10克、糖浆20毫升、熟粉圆1汤匙，冰块适量。

制作方法：

（1）先在杯中放入熟粉圆。

（2）将配方用料倒入装有半壶冰块的摇酒器中摇和，然后倒入杯中，并附带粗吸管出品。奶精粉可以用牛奶代替，也可以再加入奶油球，风味更佳，如下图所示。

冰珍珠奶茶

7.冬瓜奶茶

配方：冬瓜茶100毫升、牛奶150毫升、冰块适量。

制作方法：将冬瓜茶倒入杯中，加入半杯冰块，然后倒入牛奶即可。

8.蛋黄百利甜冰奶茶

配方：红茶水200毫升、蜂蜜30毫升、百利甜酒30毫升、蛋黄1个、白兰地5毫升、奶精粉16克、冰块适量。

制作方法：

（1）将冰块加入雪克壶中，8分满。

（2）把蛋黄、百利甜酒、蜂蜜、白兰地、奶精粉、红茶水同时加入雪克壶。

（3）用力摇匀后倒入杯中即可。

9.冻鸳鸯奶茶

配方：红茶水100毫升、冰咖啡100毫升、蜂蜜45毫升、可可粉8克、奶精粉8克、奶油球3颗、冰块适量。

制作方法：

（1）将冰块倒入雪克壶，6分满。

（2）把蜂蜜、冰咖啡、可可粉、奶精粉、红茶水一起加入雪克壶中，摇匀后倒入杯中，最后加入奶油球。

10. 福尔摩斯奶茶

配方：红茶包3袋、热开水450毫升、巧克力酱30毫升、奶精粉16克、玉桂粉2克、蜂蜜30毫升。

制作方法：

（1）锅中倒入热开水，放入巧克力酱、奶精粉及玉桂粉以大火煮至溶解，熄火。

（2）放入红茶包浸泡3分钟，取出茶包后加入蜂蜜拌匀即可。

11. 桂花奶茶

配方：蜂蜜30毫升、奶精粉15克、干桂花4克、热开水400毫升。

制作方法：

（1）将蜂蜜、奶精粉倒入锅中，加热开水煮至溶解。

（2）放入干桂花，浸泡2～3分钟后倒入杯子即可。

12. 公主奶茶

配方：茉莉花茶1包、奶精粉40克、玫瑰香蜜20克、糖浆10克、开水适量。

制作方法：

（1）杯中放入茉莉花茶加开水泡开，约2分钟后拿掉茶包备用。

（2）再依次加入奶精粉、糖浆搅拌均匀。

（3）最后加入玫瑰香蜜即可。

13. 花生奶茶

配方：热红茶150毫升、花生酱2大匙、冰水50毫升、奶精粉1大匙、蜂蜜30毫升、冰块适量。

制作方法：

（1）将花生酱加50毫升的冰水于果汁机内调打均匀备用。

（2）将约2/3容量的冰块装入摇酒器中，再加入热红茶、调打均匀的花生酱、蜂蜜、奶精粉，然后摇匀。

（3）最后把调制好的奶茶倒入杯中，放上胡姬花1朵、跳舞兰适量、羊齿叶1片作为装饰。

14. 菊花奶茶

配方：热开水400毫升、蜂蜜30毫升、奶精粉15克、菊花8朵。

制作方法：

（1）将蜂蜜、奶精粉倒入锅中，加入热开水煮至溶解。

（2）放入菊花，浸泡2～3分钟后倒入杯子即可。

15.咖啡奶茶

配方：红茶包1袋、细砂糖5克、奶精粉16克、咖啡酒10毫升、曼特宁咖啡70毫升。

制作方法：

（1）将煮好的咖啡倒入杯中，放入红茶包浸泡1分钟，取出茶包。

（2）加入奶精粉搅拌至溶解，倒入咖啡酒、细砂糖搅匀即可，如下图所示。

咖啡奶茶

16.蓝莓奶茶

配方：热开水400毫升、蜂蜜30毫升、奶精粉16克、蓝莓粉8克、绿茶包2袋。

制作方法：

（1）锅中倒入热开水，将奶精粉、蓝莓粉及蜂蜜放入锅中。

（2）以大火煮至溶解，再放入绿茶包浸泡1～2分钟。

（3）倒入壶中，出品搭配杯、碟。

17.罗密欧奶茶

配方：哈密瓜汁30毫升、哈密瓜利口酒20毫升、奶精粉16克、热开水400毫升、绿茶包2袋。

制作方法：

（1）锅中倒入热开水，加入哈密瓜汁、哈密瓜利口酒、奶精粉，用大火煮至溶解。

（2）放入绿茶包，用小火煮1～2分钟，熄火后取出茶包。

（3）将奶茶倒入壶中，出品搭配杯、碟。

18.木瓜珍珠冰奶茶

配方：绿茶水200毫升、蜂蜜30毫升、木瓜粉8克（或新鲜木瓜20克）、奶精粉8克（或牛奶30毫升）、珍珠豆1勺、冰块适量。

制作方法：

（1）将冰块倒入雪克壶，8分满，加入木瓜粉或新鲜木瓜、奶精粉或牛奶。

（2）再把蜂蜜、绿茶水、珍珠豆一同加入雪克壶。

（3）大力摇晃均匀，最后倒入杯中即成。

19.玫瑰花奶茶

配方：热开水400毫升、蜂蜜30毫升、奶精粉16克、玫瑰花8克、玫瑰香蜜10毫升。

制作方法：

（1）锅中倒入热开水、蜂蜜、奶精粉、玫瑰香蜜，以大火煮至溶解。

（2）放入玫瑰花，以小火煮1～2分钟。

（3）将煮好的奶茶倒入壶中，出品搭配杯、碟，如下图所示。

玫瑰花奶茶

20.玫瑰珍珠奶茶

配方：热玫瑰红茶150毫升、珍珠粉圆1大勺、奶精粉1大勺、蜂蜜30毫升、冰块适量。

制作方法：将约2/3容量的冰块装入摇酒器中，然后加入所有配方用料后摇匀，最后把调制好的奶茶倒入杯中，放上胡姬花1朵、羊齿叶1片作装饰。

21.麦片奶茶

配方：麦片8克、奶精粉16克、蜂蜜30毫升、红茶包2袋、热开水400毫升。

制作方法：

（1）锅中倒入热开水。

（2）加入奶精粉、麦片、蜂蜜，以大火煮至溶解，放入红茶包，转小火煮1～2分钟，熄火后取出茶包。

（3）最后倒入壶中，出品搭配杯、碟。

22.奶酪奶茶

配方：红茶150毫升、三花淡奶30毫升、淡奶油30毫升、奶酪碎适量、碎冰适量。

制作方法：

（1）把三花淡奶与淡奶油在碗中打匀，制成浓稠的糊状，备用。

（2）在杯内加入碎冰，倒入红茶，放入打好的奶油糊，撒上奶酪碎即可。

微信扫一扫
查看奶酪奶茶
冲调演示教程

23.奶香绿茶

配方：绿茶10克、咖啡伴侣2大匙（或脱脂牛奶60毫升）、热开水500毫升、冰糖10克。

制作方法：将绿茶泡入热开水中，再加入咖啡伴侣（或脱脂牛奶）、冰糖搅匀，滤出茶汁即可饮用。

24.泡沫奶茶

配方：红茶包2袋，可可粉、蜂蜜各2汤匙，开水150毫升，冰块适量。

制作方法：

（1）将红茶包放入容器中，加入开水泡5分钟，拿去茶包冷却至常温。

（2）摇酒壶中放入少量冰块，依次加入可可粉与蜂蜜，最后倒入泡好的红茶。

（3）迅速摇晃30次左右，直到出现泡沫为止。

（4）将做好的奶茶倒入玻璃杯中，使泡沫浮在表面，如下图所示。

泡沫奶茶

25.盆栽奶茶

配方：牛奶250毫升、红茶包1袋、奥利奥饼干少许、奶油少许、薄荷叶少许、白砂糖少许。

制作方法：

（1）将牛奶倒入锅里加热并放入红茶包，煮奶茶。奶茶里要放少许白砂糖，口味较好。

（2）将煮好的奶茶倒入一个玻璃杯中，表面挤上奶油。

（3）在奶油上撒一些奥利奥饼干碎屑，插上薄荷叶做装饰。用透明的玻璃杯装盆栽奶茶，视觉效果极佳。

26.巧克力奶茶

配方：鲜牛奶100毫升、铁观音茶5克、巧克力适量、热水适量。

制作方法：

（1）将铁观音茶用热水泡开，滤出茶汁。

（2）将巧克力熔化后倒入锅中，加入鲜牛奶与茶汁拌匀。

（3）倒入杯中即可饮用，如下图所示。

微信扫一扫
查看巧克力奶茶
冲调演示教程

巧克力奶茶

27.热焦糖奶茶

配方：水500毫升、红茶包2袋、奶精粉30克、焦糖果露60毫升。

制作方法：

（1）取锅，将水煮至沸腾后，立即倒入准备好的杯中，先将红茶包缓缓沿杯边缘放入，再将杯盖盖上，焖约5分钟后取出茶包，再加入奶精粉调匀。

（2）最后将焦糖果露倒入奶茶中调匀即可。

28.人参花奶茶

配方：热开水400毫升、蜂蜜30毫升、奶精粉15克、人参花8克。

制作方法：

（1）将蜂蜜、奶精粉放入锅中，倒入热开水煮至溶解。

（2）放入人参花，浸泡2～3分钟后倒入杯子即可。

29.太妃奶茶

配方：红茶包1袋、奶精粉40克、太妃香蜜20克、糖浆20克、冰块适量、开水适量。

制作方法：

（1）将红茶包放入杯中，加入开水泡开，然后拿出茶包。

（2）再加入奶精粉、太妃香蜜、糖浆搅拌均匀。

（3）最后加入冰块即可。

30.香瓜椰奶茶

配方：红茶包2袋、香瓜1个、罐头椰奶1罐、鲜奶150毫升、蜂蜜1大匙（约15毫升）、热开水1000毫升、冰块适量。

制作方法：

（1）茶壶中倒入热开水，放入红茶包加盖焖泡5分钟，待茶汤颜色变红，取出红茶包，加入蜂蜜拌匀，静置待凉。

（2）香瓜洗净，去皮，切成小块，放入果汁机中打成汁，加入蜂蜜红茶、椰奶和鲜奶一起拌匀。

（3）冰镇后倒入杯中，最后加入冰块即可饮用。

31.薰衣草奶茶

配方：热开水400毫升、蜂蜜30毫升、奶精粉16克、薰衣草8克。

制作方法：

（1）锅中倒入热开水、蜂蜜、奶精粉，用大火煮至溶解。

（2）放入薰衣草，用小火煮1～2分钟。

（3）将奶茶倒入壶中，出品搭配杯、碟，如下图所示。

薰衣草奶茶

32.英式热奶茶

配方：红茶15克、鲜奶500毫升、巧克力酱30毫升。

制作方法：

（1）锅中倒入鲜奶以大火煮沸，再倒入巧克力酱搅拌均匀。

（2）转小火，加入红茶煮1分钟，熄火后滤去茶渣，将奶茶倒入杯中即可。

注意事项：小火煮巧克力酱时，须边煮边搅拌，才不会粘锅且使溶解速度较快。

33.椰香热奶茶

配方：红茶包2袋、热开水400毫升、椰奶45毫升、蜂蜜30毫升、椰浆粉16克（也可用椰奶代替）。

制作方法：

（1）锅中倒入热开水，加入椰浆粉以大火煮至溶解，放入红茶包，再以小火煮30秒钟。

（2）取出茶包，加入蜂蜜、椰奶拌匀即可。

34.珍珠绿豆沙冰奶茶

配方：绿茶水200毫升、蜂蜜30毫升、绿豆沙粉8克、奶精粉8克、珍珠1勺、冰块适量。

制作方法：

（1）先把珍珠倒入杯中。

（2）在雪克壶中加入冰块、绿豆沙粉、奶精粉、绿茶水和蜂蜜。

（3）用力摇匀后倒入杯中，附带吸管与搅拌棒出品。

第十二章　卫生管理

　　卫生是奶茶店的命脉。要想开好一家奶茶店，需要保证奶茶店的卫生情况优良，如此才能更好地赢得消费者的认可和信赖。

一、环境卫生管理

　　奶茶店的环境卫生包括地面卫生、桌椅卫生以及吧台卫生等，这些方面都会直接影响奶茶店的卫生，所以在经营奶茶店的过程中，必须把这些方面都做好。设备也要经常做保养，这样才能在有效延长其使用寿命的同时保证出品的品质。

　　对于奶茶店来说，首先要保证整个奶茶店用餐区域的环境整洁。奶茶店要经常打扫角落，随时保持通风状态，保证地面整洁，吧台保持干净卫生，店内的餐具要摆放整齐，工作区域日常应随时进行整理打扫，防止有害物质的滋生，这样才能给消费者留下感觉非常舒服的第一印象。

二、原料卫生管理

　　奶茶原料的卫生状况决定了奶茶饮品的质量。对于奶茶原料的卫生状况，可以从原料采购、原料保存这两个方面来控制。

1. 原料采购

　　要保证奶茶饮品质量，需要加强奶茶原料的采购监管。原料的质量会影响产品的口感，好的原料自然是能提高出品的口感的，也可以间接地让消费者对店里的出品有一个好的印象。而差的原料会使出品的口感变差，消费者可能在尝过一次之后就不会再次购买了。

　　因此，门店必须把好原料质量关，保证采购的原料没有质量问题，具体措施如图12-1所示。

措施一	编制采购规格说明书

采购质量控制可以编制采购规格说明书规定规格标准。规格标准是根据门店的需要，对所采购的种种原料作出详细而具体的规定，其主要内容有原料产地、等级、大小、色泽、包装要求等

措施二	选择可靠的供应商

采购人员在采购时，应多走、多看、多比较，选择可靠的供应商，并在交货环节把好质量关

措施三	按需采购

对于使用频率不太高的原料，可考虑采购小规格包装；对于鲜活原料，要进行小批量采购，需要根据原料保鲜期的长短来确定进货批量，最好是每日采购

图 12-1　确保采购质量的措施

2. 原料保存

开店都会遇到如何储存好原料的问题。奶茶原料多种多样，不同的奶茶原料储存方法也不同。一般来说，奶茶原料的储存可以分为常温储存、冷藏储存和冷冻储存3种方法。

（1）常温储存。常温下储存的奶茶原料包括奶精粉以及各种口味的果粉、糖浆、果酱、果汁等，这个可以按照奶茶原料包装所示的储存方法来区分。

储存时要尽可能保持存放环境的干燥、阴凉，同时尽量减少接触空气的时间，如开封后的奶精粉、果粉使用后尽快将开口扎紧，或者将果粉放入密封果粉罐中；开罐后的果汁、果酱取用完第一时间盖上盖子，养成良好的习惯。

（2）冷藏储存。冷藏储存指的是储存温度在常温以下、零摄氏度以上。冷藏储存的奶茶原料包括蜜豆、椰果，以及各种奶茶备料，如烧仙草、果冻、布丁、奶泡、奶盖等，具体是否需冷藏可以参考包装上的说明。奶茶备料除珍珠、茶汤以及打好的奶精外，其他一般都需要冷藏储存。

（3）冷冻储存。冷冻储存是指储存温度在零摄氏度以下。用以冷冻保存的食材大多是一些生鲜小吃类的原料，在冷冻环境下的保质期比较长，一般都是以月来计算。

保存原料的冰柜要及时清理。除了放原料之外，禁止存放其他的物品，避免污染。

小提示

制作奶茶所需的各种原料的储存方法不尽相同，具体的储存方式可以参考包装上的说明来进行分类存放；同时要分开存放，以免发生串味的现象，进而影响奶茶的味道。此外，还需要对原料进行定期检查，及时处理过期的原料。

相关链接

常见奶茶原料的储存方法

1.植脂末（奶精粉）

植脂末易吸收水分，容易变质，所以大包装的植脂末需要存放在干燥、阴凉处。散装、临时用的植脂末也需要用密封罐或奶精盒装好。

2.粉圆（珍珠）

整包的粉圆是用塑胶袋密封，整箱的放在干燥、阴凉处即可。但是打开了包装的散装粉圆则需要再用塑胶密封袋装好，以防变质。

3.茶叶

茶叶易吸异味，更怕潮湿、高温和光照。烘烤加工的成品茶极为干燥，用手指轻轻一捻即碎，这样的干燥程度有助于茶叶的长期保存。茶叶储存的最佳温度为0℃～10℃。气温在15℃左右，保存期不能超过4个月，气温在25℃以上，保存期不宜超过2个月，否则会出现较明显的变色和变味。

4.果糖

果糖是一种吸湿性的食品，怕潮湿、怕热、怕寒冻，因此需要将其存放在相对湿度不超过70%、周围温度不低于0℃的地方。在0℃以下，果糖会因受冻而结块。在夏季，果糖储存环境温度不要高于35℃，温度过高，果糖会熔化。

5.果粉

果粉需要存放在干燥、阴凉处。

6.果汁、果酱、果露、果泥

果汁、果酱、果露、果泥这四个系列原料跟果糖差不多，含糖量都比较高，所以存放方法也差不多，需要将存放器皿盖子盖严，放在阴凉、通风处，既要防止潮湿，也不可在日光下暴晒或靠近热的东西。

7.水果茶

水果茶要放于阴凉、干燥处，开启后放入冰箱中冷藏，避免阳光直射。

8.咖啡

咖啡对储存环境比较敏感，一般需放在阴凉、干燥处。开封的咖啡，需要存放在密封不透明的罐子里，隔绝空气、水、阳光。如果是在短期内使用，这样放就可以了，但如果两周内使用不完，就把罐子放入冰箱冷冻，不过解冻后就不能再次冷冻了。

9.罐头（糖纳豆）

罐头食品中糖纳豆的储存方法跟果糖相同，短期内可用完的话冷藏保存，开封后没有用完的，最好是放在冰箱冷冻存放。

三、工具卫生管理

奶茶店的用餐工具以及服务工具的卫生也是非常重要的。奶茶店制作奶茶饮品过程中使用的小工具有很多，每次在使用过后都要进行认真的清洗，达到卫生标准之后再为消费者制作奶茶饮品。消费者用餐工具包含杯子、吸管、包装袋等，如果是一次性的则不可重复使用；如果用餐工具是可重复使用的杯子、勺子等，需要每次消费者使用完毕之后进行清洗并消毒。

1.滤布

滤布如果长期使用未予更换，不仅外观不佳，时间久了也会造成污染可能性的增加。因此，要定期更换滤布。

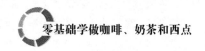

2. 煮茶用的搅拌匙

使用木制搅拌匙且放置于有水的容器中，容易发霉生菌，因此建议将木制搅拌匙更换为不锈钢材质或是其他不易发霉生菌的材质的搅拌匙。放置的环境需保持干燥、通风，以吊放的方式放置较佳，切勿泡于装有水的容器中。

3. 制冰机旁的冰铲握柄

建议在制冰机的外侧设置一个专用冰铲盒，避免随意放于水桶或制冰机内，可避免冰铲握柄与冰块接触。

4. 制冰机旁盛装冰块的水桶

建议将盛装冰块的水桶改为不锈钢材质的，并附加盖子，桶内没有积水现象，且每天收工前彻底清洗并以倒扣方式晾干。

5. 保温茶桶的嘴口

由于一些奶茶店有养茶垢的习惯，整个茶桶通常不能刷洗，包含嘴口内部，如此可让奶茶更有味道。但茶渍长时间的堆积，极易成为微生物繁殖的温床，因此建议奶茶店能改变习惯，定期刷洗嘴口内部。

6. 储冰槽

储冰槽在每日作业后，应将剩余冰块铲出，用法定许可的消毒剂对储冰槽进行消毒并晾干备用。

7. 工作台面

工作台面应定时使用具有消毒作用且无害的杀菌剂消毒，或在作业期间内以喷枪喷洒75%酒精作为工作台面卫生的控制方法。

8. 抹布

抹布最好有多条替换，作业中可用法定许可的消毒剂揉洗，作业后务必根据卫生规范有效杀菌、彻底消毒。

四、员工卫生管理

奶茶店店员自身的形象代表着奶茶店的形象，如果奶茶店员工自身没有良好的卫生习惯，不但会影响奶茶店的整体形象，而且会影响奶茶店整体的卫生情况。所以，想要让整个奶茶店的卫生情况达到标准，也需要奶茶店的工作人员自身的卫生达到标准。工作人员在工作过程中保持良好的精神状态，并且干净整洁，肯定会给消费者留下很好的印象。

对此，奶茶店可以给员工定制统一的服装，而且明确规定制作人员要戴好口罩和手套。另外，还要组织员工定期进行体检。

小提示

　　店员的手部卫生是避免作业中二次污染的防治重点，由于工作人员操作及卫生习惯不同，因此建议奶茶店建立一套标准作业流程，规范员工正确的洗手习惯，并加强训练且落实于日常作业中。

第三部分

西点制作

第十三章 西点基本认知

一、什么是西点

西式面点简称西点，主要是指源于欧美国家的糕饼点心。它是以面粉、糖、油脂、鸡蛋和乳品为主要原料，辅以干鲜水果和调味料，经过调制、成形、成熟、装饰等工艺过程制成的，具有一定色、香、味、形的营养食品。

从上面对西点概念的解释，可以看出西点具有如图13-1所示的3层含义。

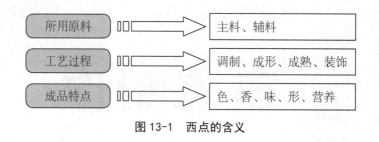

所用原料	⇒	主料、辅料
工艺过程	⇒	调制、成形、成熟、装饰
成品特点	⇒	色、香、味、形、营养

图 13-1　西点的含义

二、西点的特点

西点是西式餐饮烹饪的重要组成部分，具有如图13-2所示的特点。

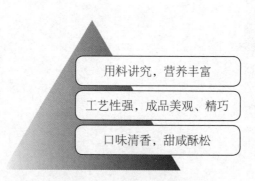

用料讲究，营养丰富

工艺性强，成品美观、精巧

口味清香，甜咸酥松

图 13-2　西点的特点

1. 用料讲究，营养丰富

西式面点用料讲究，无论是什么品种的点心，其面坯、馅心、装饰、点缀等用料都有各自的选料标准，各种原料之间都有着相互间的比例，而且大多数原料要求称量准确。

西式面点多以乳品、蛋品、糖类、油脂、面粉、干鲜水果等为常用原料，其中不仅蛋、糖、油脂的比例较大，而且配料中干鲜水果、果仁、巧克力等用量也较大，这些原料含有丰富的蛋白质、脂肪、糖、维生素等营养成分，它们是人体健康必不可少的营养素，因此说西点具有较高的营养价值。

2. 工艺性强，成品美观、精巧

西点制品不仅富有营养价值，而且在制作工艺上还具有工序繁、技法多、注重火候和卫生等特点，其成品经点缀、装饰，能给人以美的享受。

每一件西点制品都是一件艺术品，每一步操作都凝聚着西点师的创造性劳动，所以制作一道点心，每一步都要依照工艺要求去做，这是对西点师的基本要求，如果脱离了工艺性和审美性，西点就失去了自身的价值。西点从造型到装饰，每一个图案或线条都清晰可见、简洁明快，给人一种赏心悦目的感觉，让食用者一目了然地领会到西点师的创作意图。

比如，制作一款结婚蛋糕，首先要考虑它的结构安排，考虑每一层之间的比例关系，其次是考虑色调搭配。尤其在装饰时要用西点的特殊艺术手法体现出你所设想的构图，从而用蛋糕烘托出纯洁、甜蜜的新婚气氛。

3. 口味清香，口感酥松

西点不仅营养丰富、造型美观，而且具有品种变化多、应用范围广、口味清香、口感酥松等特点。

在西点制品中，无论是冷点心还是热点心、甜点心还是咸点心，都具有味道清香的特点，这是由西点的原材料所决定的。通常所用的主料有面粉、奶制品、水果等，这些原料自身就具有芳香的味道。然后是加工制作时合成的味道，如焦糖的味道等。

甜制品以蛋糕为主，有90%以上的点心制品要加糖，饱餐之后吃一点甜食制品会感觉更舒服。咸制品以面包为主，吃主餐的同时可以有选择地食用一些咸面包。

三、西点的种类

按不同的分类标准，可将西点分为不同的种类。

1. 按制品的温度分

按制品的温度分，可将西点分为常温点心、冷点心和热点心三类。

2. 按制品的用途分

按西点的用途分，可将其分为主食点心、零食点心、宴会点心、酒会点心、自助餐点心和茶点等类别。

3. 按制品口味分

按西点制品口味分，可将其分为甜点和咸点两类。西点中多数为甜点，少数为咸点，带咸味的西点主要有咸面包、三明治、汉堡包、咸西饼等。甜点较多，最基本的种类有蛋糕、饼干、派、挞、布丁、起酥类点心和冷冻甜点等。

4. 按制品原料及属性分

按制品原料及属性分，可将西点分为蛋糕类、混酥类、起酥类、面包类、泡芙类、饼干类、冷冻类等类别。

（1）蛋糕类。蛋糕类点心是以鸡蛋、糖、油脂、面粉为主要原料，配以水果、奶酪、巧克力、果仁等辅料，经过一系列加工而制成的松软点心，如图13-3所示。

图13-3　蛋糕类点心

蛋糕类点心根据使用的原料、搅拌方法和面糊性质又可分为乳沫类（海绵类、清蛋糕）、戚风类、面糊类（油脂类）3种，如图13-4所示。

1	2	3
乳沫类（海绵类、清蛋糕）	戚风类	面糊类（油脂类）

图13-4　蛋糕类点心的类别

（2）混酥类。混酥类点心是指用面粉、鸡蛋、黄油、盐、糖等为主要原料调和成面团，配以各种辅料，通过成形、烘烤、装饰等工艺而制成的一类点心。此类点心不分层，口感酥脆。主要产品有派类、挞类、干点类等，比如果酱派、苹果派、奶油曲奇、拉花饼干等，如图13-5所示。

图13-5　混酥类点心

（3）起酥类。起酥类点心也被称为清酥类点心或麦酥点心、层酥点心，是指两种性质完全不同的面团（油酥面、水油面）互为表里，反复擀制、折叠、冷冻制成面坯，根据制品的需要再经过成形、烤制而成的一类具有明显层次的点心。起酥类点心具有层次清晰、入口香酥的特点。主要产品有酥盒类、果派类、酥饼类等，比如奶油千层酥、牛角包、水果酥盒等，如图13-6所示。

图13-6　起酥类点心

（4）面包类。面包类点心是以面粉为主料，以酵母等为辅料的面团经发酵、饧发、烤制而成的产品，如点心面包、主食面包、调理面包等。面包的生产需要一个比较暖和的环境，一般室温不低于20℃，产品以甜咸口味为主，包括硬质面包、软质面包、松质面包、脆皮面包等，其作为三餐主食或副食均可，如图13-7所示。

图 13-7　面包类点心

（5）泡芙类。泡芙也称气鼓。其以鸡蛋、面粉、油、糖为主料，采用烫制面团，经过挤糊成形，产品成熟后，体积膨胀数倍，因其饼壳松脆缺味，主要依靠馅心来调味。成品经过装饰后，精致美观，再配以各色各样的馅料，使产品外脆里糯、绵软香甜、滋润可口，广受消费者的欢迎，如图13-8所示。

图 13-8　泡芙类点心

（6）饼干类。饼干类点心又称小西点，重量和体积较小，以一口一个为宜，适于酒会、茶点或餐后食用，有甜、咸之分，如图13-9所示。

图 13-9　饼干类点心

（7）冷冻类。冷冻类点心一般指以糖、牛奶、鸡蛋、乳制品、水果、凝胶剂等为主要原料，经过一系列工艺制作，需要冷冻后再食用的一类甜食，适用作午餐、晚餐的餐后甜食或非用餐时的闲食。主要产品有果冻、慕斯、冰激凌等，如图13-10所示。

图 13-10　冷冻类点心

第十四章　西点制作常用的设备与工具

一、辅助设备

1.工作台

工作台是指制作西点的操作台，常见的有大理石工作台、不锈钢工作台、木制工作台和冷冻（藏）工作台等。

2.洗涤槽

洗涤槽由不锈钢材料制成或用砖砌瓷砖贴面而成，主要用于清洗原料、洗涤用具等。

3.冷藏（冻）箱和冷藏（冻）柜

冷藏（冻）箱和冷藏（冻）柜统称冰箱，主要用于对西点原料、半成品或成品进行冷藏保鲜或冷冻加工。

4.烤盘车

烤盘车亦称烤盘架子车，主要用于烘焙完成后产品冷却和烤盘的放置，如图14-1所示。

二、面团调制设备

1.和面机

和面机又称调粉机，有卧式和立式两大类型。搅拌容器轴线处于水平位布置的称为卧式和面机，搅拌容器轴线处于垂直方向布置的称为立式和面机。根据工艺要求，有的和面机还带有变速装置、调温装置或自控装置，如图14-2、图14-3所示。

图14-1　烤盘车

图 14-2　卧式和面机　　　　　　　图 14-3　立式双速和面机

2. 多功能搅拌机

多功能搅拌机又称打蛋机，是一种转速很高的搅拌机，如图14-4所示。

3. 台式小型搅拌机

台式小型搅拌机又称桌上型搅拌机，如图14-5所示。

图 14-4　多功能搅拌机　　　　　　图 14-5　台式小型搅拌机

三、成形设备

1.面团分块机

面团分块机又叫面团分割机，是一款用于制作面制食品时将面团分块的设备。面团分块机能自动而精确地将发酵面团按照它的体积分割成一定大小的面团，所分的面团重量准确无误。

2.起酥机

起酥机主要用于各式面包、西饼、饼干整形及各类酥皮的制作，如图14-6所示。

图 14-6　起酥机

3.醒发箱

醒发箱亦称发酵箱，是面包基本发酵和最后醒发使用的设备，能调节和控制温度及相对湿度，操作简便。醒发箱可分为普通电热醒发箱、全自动控温控湿醒发箱、冷冻醒发箱等。

四、烤炉

烤炉按照结构形式可分为箱式炉和隧道炉。箱式炉外形如箱体，又称烤箱，目前广泛使用的有隔层式烤炉、旋转式热风循环烤炉。

五、常用器具

1. 量具

量具主要用于西点固体、液体原料，辅料及成品重量的测量，原料、面团温度的测量，以及整体产品大小的衡量等。西点中常用的量具主要有秤、量杯、量匙、温度计、量尺等。

2. 辅助用具

西点制作辅助用具是用于原料处理、面团（面糊）调制、面皮擀制、馅料搅拌、上馅、涂油等操作的用具。常用的辅助用具有面筛、擀面棍、滚筒、打蛋器、拌料盆、木勺、刮板、橡皮刮刀、刷子、筛网、刨床、榨汁器等。

3. 刀具

西点制作所用刀具主要指用于半成品加工与成品切割的刀具，如西点刀、锯齿刀、抹刀、轮刀、铲刀、剪刀等。

4. 成形模具

西点制作常用的成形模具主要有吐司模、蛋糕模、挞模、派盘、比萨盘、多连模具、切模、慕斯圈、裱花袋、裱花嘴、菠萝印模、甜甜圈模、木轮根、螺管、网形模板、果冻杯、巧克力模等。

5. 成熟用具

西点制作常用的成熟用具主要有烤盘、不粘烤盘布、耐热手套等。

6. 其他用具

除了以上各类器具，西点制作还需用到的一些器具主要有转台、散热网、蛋糕倒立架、蛋糕切割器、蛋糕分片器等。

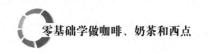

第十五章　西点制作常用原料

西式面点常用原料是指制作西式面点时使用的各种材料物料，比如面粉、奶油、鸡蛋、白砂糖等。要制作出质量优良的西式面点，必须对西式面点原料有深刻的认识，掌握其来源、产地、种类、性质、特点、质量鉴别手段、保管知识、用途和使用方法。

一、面粉

1. 面粉的种类

按照面粉内蛋白质含量的不同，可将面粉分为高筋面粉、中筋面粉、低筋面粉、全麦粉4类。

（1）高筋面粉（高蛋白质粉）。加工精度较高的面粉，色白，含麸量少，面筋含量高。蛋白质含量为11%～13%，湿面筋值在35%以上。此粉应选用硬质小麦加工，适用于制作各种面包。

（2）中筋面粉（中蛋白质粉）。介于高筋面粉和低筋面粉之间的一类面粉，含麸量少于低筋面粉，色稍黄。蛋白质含量为9%～11%，湿面筋值为25%～35%。此粉适用于制作各种糕点。

（3）低筋面粉（低蛋白质粉）。含麸量多于中筋面粉，色稍黄。蛋白质含量为7%～9%，湿面筋值在25%以下。低筋面粉应选用软质小麦加工，适用于生产饼干、蛋糕、点心。

（4）全麦粉。全部由小麦磨成的面粉，色深，含麸量高，灰分占粉比例不超过2%，湿面筋值不低于20%。此粉可用于全麦面包及特殊点心制作。

2. 面粉的用途

不同的西点品种，所用的面粉完全不同，如制作各种面包，要选用高筋面粉；制作各种蛋糕时用低筋面粉；制作蛋挞等西饼则要求使用中筋面粉为好。因此，在做西点时，应根据西点的制作要求，正确选择和使用面粉，这样才能制作出品质优良的各类西点。

3. 面粉的品质鉴别

（1）从含水量鉴别。我国面粉标准规定面粉的含水量为13.5%～14.5%。含水量正常的面粉，用手抓一把，放到操作台上有爽滑、自然散落开的感觉。

（2）从颜色上鉴别。面粉加工精度越高，颜色越白，但是维生素、矿物质的含量相应减少，营养价值也会降低。

另外，面粉储存的时间过长或环境潮湿，其颜色亦会逐渐加深，颜色变深的面粉，其品质会降低。

（3）从气味上和滋味上鉴别。面粉的气味和滋味是鉴定面粉质量的重要感官指标，质量好的面粉具有新鲜、清香的气味，放入口中咀嚼有甜味。而有苦味、酸味、霉味和腐败臭味的面粉都是变质的、劣质的。一般以面粉的酸度来鉴别面粉的新鲜度。

4. 面粉的储存

购进的面粉要做好进仓登记，并放置在阴凉、通风处，防止面粉吸潮和吸收异味。一般来说，面粉储藏在相对湿度为55%～65%，环境温度为18℃～24℃的条件下较为适宜。

二、糖类

1. 糖的种类

糖在西点制作中的用量很大，常用的糖及其制品有蔗糖、糖浆、蜂蜜、饴糖、糖粉等。

根据原料加工程度的不同，制作西点常用的糖类原料有白砂糖、绵白糖、蜂蜜等。

（1）白砂糖。白砂糖简称砂糖，是制作西点时使用最广泛的糖。白砂糖一般是从甘蔗或甜菜中提取糖汁，经过过滤、沉淀、蒸发、结晶、脱色、干燥等工艺而制成的。白砂糖为白色粒状晶体，纯度高，蔗糖含量在99%以上。

白砂糖按其晶粒大小又有粗砂、中砂、细砂之分。

（2）绵白糖。绵白糖是由细粒的白砂糖加适量的转化糖浆加工而成的。绵白糖质地细软，色泽洁白，具有光泽，甜度较高，蔗糖含量在97%以上。

（3）蜂蜜。蜂蜜是蜜蜂酿制的蜜，含有大量果糖和葡萄糖，极其香甜。由于蜂蜜为透明或半透明的黏稠液体，带有芳香，在西点制作中一般用于有特色的制品。

（4）饴糖。饴糖又称糖稀、麦芽糖。一般以小麦和糯米为原料，通常是利用淀粉酶的水解作用而制成，主要含有麦芽精和糊精。饴糖一般为浅棕色的半透明的黏稠液体，其甜度不如蔗糖，但能代替蔗糖使用，多用于派类等制品中，还可作为点心的着色剂。饴糖的持水性强，具有保持点心柔软性的作用。

（5）葡萄糖浆。葡萄糖浆又称淀粉糖浆，它通常是用玉米淀粉加酸或加酶水解，经脱色、浓缩而制成的黏稠液体，主要成分为葡萄糖、麦芽精和糊精等，易被人体吸收。在制作糖制品时，加入葡萄糖浆能防止蔗糖的结晶返砂，从而有利于制品的成形。

（6）糖粉。糖粉是蔗糖的再制品，为纯白色粉状物，味道与蔗糖相同。糖粉在西点制作中可代替白砂糖和绵白糖使用，也可用于点心的装饰及制作大型点心的模型等。

2. 糖的作用

在西点制作中，糖的作用主要体现在5个方面，如图15-1所示。

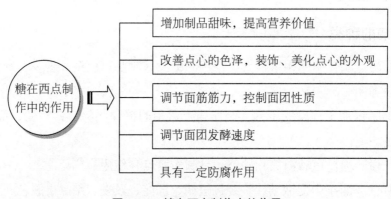

图 15-1　糖在西点制作中的作用

3. 糖的品质检验

（1）优质白砂糖。色泽洁白明亮，晶粒整齐、均匀、坚实，无水分和杂质，还原糖的含量较低，溶解在清净的水中清澈、透明，无异味。

（2）优质绵白糖。色泽洁白，晶粒细小，质地绵软，易溶于水，无杂质、异味。

（3）优质蜂蜜。色淡黄，呈半透明的黏稠液体，味甜，无酸味、酒味和其他异味。

（4）优质饴糖。呈浅棕色的半透明黏稠液体，无酸味和其他异味，洁净无杂质。

（5）优质葡萄糖浆。呈无色或微黄色，透明，无杂质，无异味。

4. 糖的储存

糖的储存应达到以下要求。

（1）密封、干燥、通风，无异味。

（2）温度、湿度适宜。

（3）防蝇、防鼠、防尘、防异味。

三、油脂类

油脂是油和脂的总称，一般在常温下呈液体的称为油，呈固体的称为脂。油脂的来源可以是动物或者植物，其中动物油脂一般在常温下为固态，起酥性好，较常用。

1. 油脂的种类

油脂是西点制品的主料之一。点心制作中常用的油脂有天然黄油、人造黄油、起酥油、植物油等，其中天然黄油的用途最广。

（1）天然黄油。天然黄油又称"奶油""白脱油"，它是从牛乳中分离加工出来的一种比较纯净的脂肪。常温下，天然黄油外观呈浅黄色固体，高温软化变形，其含脂率在80%以上，熔点为28℃～33℃，凝固点为15℃～25℃，具有奶脂香味。它还含有丰富的蛋白质和卵磷脂，具有亲水性强、乳化性能好、营养价值高的特点。它能增强面团的可塑性、成品的酥松性，使成品内部松软滋润。

（2）人造黄油。人造黄油是从植物种子中提取的油（与色拉油类似），经过氢化，降低不饱和度，成为固态的脂肪，再加入适量的牛乳或乳制品、香

料、乳化剂、防腐剂、抗氧化剂、食盐和维生素，经混合、乳化等工序而制成。

人造黄油的乳化性、熔点、软硬度等可根据各种成分配比来调控，一般的人造黄油含水量为15%～20%，含盐量在3%，熔点为35℃～38℃。人造黄油具有良好的延伸性，其风味、口感与天然黄油相似。人造黄油是天然黄油的代替品，广泛应用在西点制作中。

 小提示

有的人造黄油已经添加了食盐，因此在制作需要添加食盐的制品时，必须首先确认所加人造黄油是否含盐，再酌情添加食盐。

（3）起酥油。起酥油是指精炼的动植物油脂、氢化油或这些油脂的混合物，经混合、冷却、塑化而加工出来的具有可塑性、乳化性等加工性能的固态或流动性的油脂产品。起酥油一般不直接食用，是制作加工食品的原料油脂。起酥油种类很多，有高效稳定性起酥油、溶解型起酥油、流动起酥油、装饰起酥油、面包起酥油、蛋糕用液体起酥油等。它有较好的可塑性、起酥性。

（4）植物油。植物油中主要含有不饱和脂肪酸，常温下为液体，其加工工艺性能不如动物油脂，一般多用于油炸类产品和面包类产品的生产。目前西点制作中常用的植物油有色拉油、花生油等。

2. 油脂的作用

油脂在点心制作中的作用体现在4个方面，如图15-2所示。

作用一	增加营养，补充人体热能，增进食品风味
作用二	增强面坯的可塑性，有利于点心的成形
作用三	调节面筋的膨润度，降低面团的筋力和黏性
作用四	保持产品组织的柔软，延缓淀粉老化时间，延长点心的保存期

图15-2　油脂的作用

3.油脂的品质检验

（1）观色泽。植物油应色泽微黄，清澈明亮；天然黄油应洁白、有光泽、较浓稠；人造黄油应色泽淡黄，组织细腻光亮。

（2）尝滋味。植物油应有植物本身的香味，无异味和哈喇味；天然黄油和人造黄油应有新鲜的香味，爽口润喉。

（3）闻气味。植物油应有植物清香味，加热时无油烟味；动物油有其本身的特殊香味，要经过脱臭后方可使用。

（4）看透明度。植物油应无杂质、水分，透明度高；动物油熔化时应清澈见底，无水分析出。

4.油脂的储存

油脂的储存应达到以下条件要求。

（1）低温、避光、通风。

（2）避免与杂质接触。

（3）缩短存放时间。

四、蛋品类

1.蛋品的种类

蛋品是生产西点的重要原料，常见的蛋品主要包括鲜鸡蛋、冰鸡蛋和鸡蛋粉。在面点制作中使用最多的是鲜鸡蛋。

（1）鲜鸡蛋。鲜鸡蛋是西式面点生产所需的主要蛋品，能用于各类西点的制作，是西点制作的重要原料之一。

（2）冰鸡蛋。冰鸡蛋又称冻鸡蛋，多用于大型西点生产企业。冰鸡蛋多采用速冻制取，速冻温度在−20℃以下。使用冰鸡蛋时，将盛装冰鸡蛋的容器放在冷水中解冻后即可使用。由于速冻温度低，冻结得快，蛋液中的胶体特性很少受到破坏，保留了鸡蛋的这一特性，但解冻后的蛋液再重冻或冰鸡蛋的储存时间过长将会影响制品的质量。

（3）鸡蛋粉。鸡蛋粉有全蛋粉与蛋清粉之分。鸡蛋粉相较于鲜鸡蛋有较长的储存期，多用于大型生产或特殊制品。鸡蛋粉的起泡性不如鲜鸡蛋，不宜用来制作海绵蛋糕。

2. 鸡蛋的作用

鸡蛋在西点制作中的作用如图15-3所示。

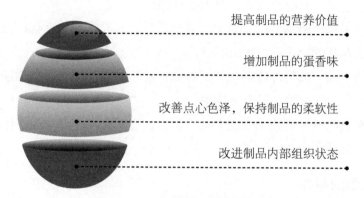

提高制品的营养价值

增加制品的蛋香味

改善点心色泽，保持制品的柔软性

改进制品内部组织状态

图 15-3 鸡蛋在西点制作中的作用

3. 鲜鸡蛋的品质检验

鲜鸡蛋的品质好坏，取决于蛋的新鲜程度。检验蛋品的新鲜度可从以下4个方面进行。

（1）蛋壳状况。新鲜蛋的蛋壳纹清晰，手摸发涩，表面洁净有天然光泽，反之则是陈蛋。

（2）蛋的重量。对于外形大小相同的蛋，重者为新鲜蛋，轻者为陈蛋。

（3）蛋的内容物状况。新鲜蛋打破倒出，内容物黄、白系带能完整地各居其位，且蛋白浓厚、无色、透明。

（4）气味和滋味。新鲜蛋打开倒出内容物无不正常气味，煮熟后蛋白无味，色洁白，蛋黄味淡而香。

4. 鲜鸡蛋的储存

鲜鸡蛋的储存要求如下。

（1）最好是冷藏储存。

（2）不与有异味的食品放在一起。

（3）不要清洗后储存。

第十六章　西点制作基本手法

西点制作的基本手法是西点成形的基本动作，它不但能使成品拥有漂亮的外观，而且能丰富西点的品种。基本手法熟练与否，对于西点的成形、成品的质量有着重要的意义。常用的基本手法有捏、揉、搓、切、割、抹、挤、和、擀、卷等。

一、捏

西点制作中常需要用五指配合将制品原料捏在一起，做成各种栩栩如生的实物形态。捏是一种具有较高艺术性的手法，西点制作中常以细腻的杏仁膏为原料，捏成各种水果（如梨、香蕉、葡萄、桃等）和小动物（如猪、狗、兔等）造型。

由于制品原料不同，捏制的成品有两种类型，一种是实心的，另一种是包馅的。实心的多为小型制品，其原料主要由杏仁膏构成，根据需要点缀颜色，有的浇一些巧克力浓浆。包馅的一般为较大型的制品，它是用蛋糕坯与蜂蜜调成团后，做出所需的形状，然后用杏仁膏包上一层。

捏是一种艺术性强、操作比较复杂的手法，用这种手法可以捏糖花、面人、寿桃及各种形态逼真的瓜果、飞禽走兽等。

捏不仅限于手工成形，还可以借助工具成形，如借助小刀、剪刀等。

捏的基本要领如图16-1所示。

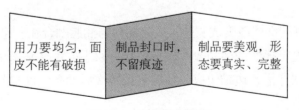

| 用力要均匀，面皮不能有破损 | 制品封口时，不留痕迹 | 制品要美观，形态要真实、完整 |

图16-1　捏的基本要领

二、揉

揉主要用于面包制品，目的是使面团中的淀粉膨润黏结、气泡消失、蛋白质均匀分布，以便产生有弹性的面筋网络，增强面团的筋力。揉匀、揉透的面团，内部结构均匀，外表光润爽滑，未揉匀、揉透则会影响成品质量。

揉可分为单手揉和双手揉两种。

（1）单手揉。适用于较小的面团，先将面团分成小剂子，置于工作台上，再将五指合拢，手掌扣住面剂，朝着一个方向旋转揉动。面团在手掌间自然滚动的同时要挤压，使面剂紧凑，光滑变圆，内部气体消失，面团底部中间呈旋涡形，收口向下，放置于烤盘上。

（2）双手揉。应用于较大的面团，其动作为一只手压住面剂的一端，另一只手压在面剂的另一端，用力向外推揉，再向内使劲卷起，双手配合，反复揉搓，使面剂光滑变圆，待收口集中变小时，最后压紧，收口向下放置于烤盘上。

揉的基本要领如图16-2所示。

要领一	揉面时用力要轻重适当，要用"浮力"，俗称"揉得活"，特别是发酵膨松的面团更不能死揉，否则会影响成品的膨松度
要领二	揉面要始终保持一个光洁面，不可无规则地乱揉，否则面团外观不完整、无光泽，还会破坏其面筋网络的形成
要领三	揉面的动作要利落，揉匀、揉透，使面团外观有光泽

图16-2　揉的基本要领

三、搓

搓是将揉好的面团改变成长条，或将面粉与油脂融合在一起的操作手法。

搓面团时先将揉好的面团改变成长条状，双手的手掌基部摁在条上，双手同时施力，来回揉搓，边推边搓，前后滚动数次后面条向两侧延伸，成为粗细均匀的圆形长条。

搓面粉与油脂融合时，手掌向前施力，使面粉和油脂均匀地融合在一起，但不宜过多搓揉，以防破坏面筋网络的形成，影响成品质量。

搓的基本要领如图16-3所示。

1 双手动作要协调，用力要均匀

2 要用手掌的基部，按实推搓

3 搓的时间不宜过长，用力不宜过猛，以免面团条断裂、发黏

4 搓条要紧，粗细均匀，条面圆滑，不使表面破裂为佳

图16-3 搓的基本要领

四、切

切是借助于工具将制品（半成品或成品）分离成形的一种方法。

切可分为直刀切、推拉切、斜刀切等，以直刀切、推拉切为主。不同性质的制品，运用不同的切法，是提高制品质量的保证。

（1）直刀切是把刀垂直放在面团坯料之上，向下施力使之分离。

（2）推拉切是刀与制品处于垂直状态，向下压的同时前后推拉，反复数次后切断。酥脆类及质地比较绵软类的制品都采用此种切法，目的是保证制品的形态完整。

（3）斜刀切是指将刀口向里与案板呈45度角，以用力推拉的手法将制品切断，这种方法一般在制作特殊形状的点心时使用。

切的基本要领如图16-4所示。

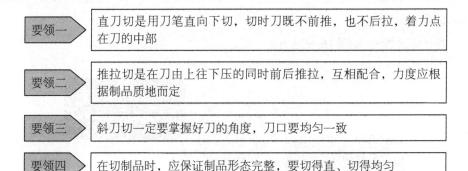

要领一 直刀切是用刀笔直向下切，切时刀既不前推，也不后拉，着力点在刀的中部

要领二 推拉切是在刀由上往下压的同时前后推拉，互相配合，力度应根据制品质地而定

要领三 斜刀切一定要掌握好刀的角度，刀口要均匀一致

要领四 在切制品时，应保证制品形态完整，要切得直、切得均匀

图16-4 切的基本要领

五、割

割是在面团的表面划出裂口，并不切断面团的造型方法。制作某些品种的面包时采用割的方法，目的是使制品烘烤后，表面因膨胀而呈现爆裂的效果。根据需要，有些制品坯料在未进行烘烤时，先割一个造型美观的花纹，烘烤后花纹处掀起，再填入馅料，以丰富造型和口味。

割的基本要领如图16-5所示。

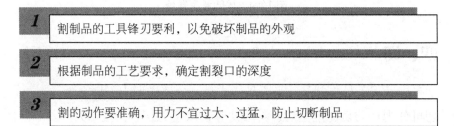

1 割制品的工具锋刃要利，以免破坏制品的外观

2 根据制品的工艺要求，确定割裂口的深度

3 割的动作要准确，用力不宜过大、过猛，防止切断制品

图16-5　割的基本要领

六、抹

抹是将调制好的糊状原料用工具平铺均匀、平整光滑的过程。如制作蛋卷时采用抹的方法，不仅把蛋糊均匀地平抹在烤盘上，制品成熟后还要将果酱、打发的奶油等抹在制品的表面进行卷制。

抹还是对蛋糕做进一步装饰的基础，蛋糕在装饰之前必须先将所用的抹料（如打发的鲜奶油或果酱等）平整均匀地抹在蛋糕的表面，为造型和美化创造有利的条件。

抹的基本要领如图16-6所示。

正确掌握抹的角度，保证制品的光滑平整

要领

抹的过程要平稳，用力要均匀

图16-6　抹的基本要领

七、挤

挤又称裱型，是对西点制品进行美化、再加工的过程。通过这一过程增加制品的风味特点，以达到美化外观、丰富品种的目的。

挤有如下两种手法。

（1）布袋挤法。先将布袋装入裱花嘴，用左手虎口抵住布袋的中间，翻开内侧，用右手将所需原料装入袋中，切忌装得过满，以装半袋为宜。原料装好后，即将布袋翻回原状，同时把布袋卷紧，内侧空气自然被挤出，使布袋结实硬挺。挤时右手虎口捏住布袋上部，同时手掌紧握布袋，左手轻抚布袋，并以45度角对着西点表面挤出原料，此时原料经由裱花嘴和操作者的手法动作挤出，自然形成花纹。

（2）纸卷挤法。将纸剪成三角形，卷成一头小、一头大的喇叭形圆锥筒，然后装入原料，用右手的拇指、食指和中指攥住纸卷的上口用力将原料挤出。

挤的基本要领如图16-7所示。

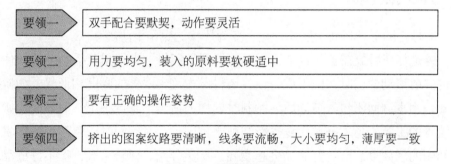

图16-7　挤的基本要领

八、和

和是将粉料与水或其他辅料掺和在一起揉成面团的过程，它是整个点心制作工艺中最初的一道工序，也是一个重要的环节。和面的好坏直接影响着成品的质量，影响着点心制作工艺能否顺利进行。

和面大体有抄拌、调和两种手法。

（1）抄拌法。将面粉放入缸或盆中，中间掏一个坑，放入七成至八成的水，双手伸入缸中，从外向内、由下而上地反复抄拌。抄拌时用力要均匀，待面成为雪片状时，加入剩余的水，双手继续抄拌，至面粉成为结实的块状时，可将面搓、揉成面团。

（2）调和法。先将面粉放在案台上，中间开个窝，再将鸡蛋、油脂、糖等物料倒入中间（其间视需要可加入适量水），双手五指张开，从外向内进行调和，再搓、揉成面团（如混酥面）。

和的基本要领如图16-8所示。

要领一	要掌握液体配料与面粉的比例
要领二	要根据面团性质的需要，选用面筋质含量不同的面粉，采用不同的操作手法
要领三	动作要迅速、干净利落，面粉与配料混合均匀，不夹杂粉粒

图16-8　和的基本要领

九、擀

擀是借助工具将面团展开，使之变为片状的操作手法。

擀是将坯料放在工作台上，将擀面棍置于坯料之上，用双手的中部摁住擀面棍向前滚动的同时，向下施力，将坯料擀成符合要求的厚度和形状。如擀清酥面，用水调面团包入黄油后，擀制时要用力适当，掌握平衡。清酥面的擀制是较难的工序，冬季好擀，夏季擀制则比较困难，擀的同时还要利用冰箱来调节面团的软硬度。擀得好成品会起发高、层次分明、体轻个大，擀不好成品会跑油、层次混乱、硬而不酥。

擀的基本要领如图16-9所示。

图16-9　擀的基本要领

十、卷

卷是西点制作的成形手法之一，需要卷制的西点品种较多，方法也不尽相同。有的品种要求熟制以后卷，有的是在熟制以前卷，无论哪种都是从头到尾用手以滚动的方式，由小而大卷成。卷有单手卷和双手卷两种形式。单手卷如卷清酥的羊角酥，是用一只手拿着圆锥形的模具，另一只手将面坯拿起，在模具上由小头向大头轻轻卷起，双手配合协调一致，把面条卷在模具上，要卷得层次均匀。双手卷如卷蛋糕卷，是将蛋糕薄坯置于工作台上，涂抹上配料，双手向前推动卷起成形。卷制不能有空心，粗细要均匀一致。

卷的基本要领如图16-10所示。

被卷的坯料不宜放置过久，否则卷制的制品不结实

要领

卷时用力要均匀，双手配合要协调一致

图 16-10　卷的基本要领

第十七章　各类西点制作

一、蛋糕类西点制作

蛋糕是以鸡蛋为主要原料辅以面粉、白糖等制成的松软可口的高蛋白食品。蛋糕的制作原理是利用蛋液的起泡性经搅打而充入大量的空气，在烘烤或蒸制时气泡受热膨胀而松发，形成多孔的海绵体结构。

1.蛋糕的分类

蛋糕的种类很多，按其使用原料、搅拌方法及面糊性质和膨发途径，通常可分为5类，如图17-1所示。

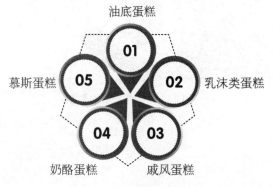

图 17-1　蛋糕的分类

（1）油底蛋糕（重油蛋糕、磅蛋糕）。主要原料依次为鸡蛋、糖、油、面粉，其中油的用量较多，并依据其用量来决定是否需要加入或加入多少膨松剂。其主要膨发途径是通过油脂在搅拌过程中结合拌入的空气，而使蛋糕在炉内膨胀。比如日常所见的牛油戟、提子戟等，如图17-2所示。

（2）乳沫类蛋糕。主要原料依次为鸡蛋、糖、面粉，另有少量液体油，且当鸡蛋用量较少时要增加膨松剂以帮助面糊起发。其膨发途径主要是靠鸡蛋在拌打过程中与空气融合发泡，进而在炉内产生蒸汽压力而使蛋糕体积起发膨胀。

根据鸡蛋的用量不同，乳沫类蛋糕又可分为海绵类蛋糕与蛋白类蛋糕。使

图 17-2　油底蛋糕

用全蛋制作的蛋糕称为海绵类蛋糕，如瑞士蛋糕卷、西洋蛋糕杯等；若仅使用蛋白制作的蛋糕称为蛋白类蛋糕，如天使蛋糕等，如图 17-3、图 17-4 所示。

图 17-3　海绵类蛋糕

图 17-4　蛋白类蛋糕

（3）戚风蛋糕。混合上述两类蛋糕的制作方法而做成，即蛋白与糖及酸性材料按乳沫类蛋糕的制法打发，其余干性原料、流质原料与蛋黄则按油底蛋糕的制法搅拌，最后把二者混合起来即可。如戚风蛋糕卷、草莓戚风蛋糕等，如图 17-5 所示。

图 17-5　草莓戚风蛋糕

（4）奶酪蛋糕。奶酪蛋糕是指加入了大量的乳酪做成的蛋糕，一般奶酪蛋糕中加入的都是奶油奶酪。奶酪蛋糕又分为以下3种。

①重奶酪蛋糕：奶酪的量加得比较多，重奶酪蛋糕的口感比较实，奶酪味很重，所以在制作时多会加入一些果酱来增加口味。

②轻奶酪蛋糕：轻奶酪蛋糕在制作时奶油奶酪加得比较少，同时还会用打发的蛋清来增加蛋糕的松软度，粉类也会加得很少，所以轻奶酪蛋糕吃起来非常绵软，有入口即化感，如图17-6所示。

图 17-6　轻奶酪蛋糕

③冻奶酪蛋糕：一种免烤蛋糕，会在奶酪蛋糕中加入明胶之类的凝固剂，然后放入冰箱冷藏至蛋糕凝固，因为不经过烘烤，所以不会加入粉类材料。

（5）慕斯蛋糕。慕斯蛋糕亦是一种免烤蛋糕，是通过打发的鲜奶油、一些水果果泥和胶类凝固剂冷藏制成的蛋糕，一般会以戚风蛋糕片做底。

2. 蛋糕的加工流程

蛋糕的加工流程为：面糊调制→装盘（装模）→烘烤→冷却→成品。

3. 油底蛋糕的制作

（1）油底蛋糕制作原理。主要膨发途径是通过油脂在搅拌过程中结合搅入的空气而使蛋糕在炉内膨胀。根据油脂的用量确定是否添加膨松剂，当油脂用量低于面粉用量的60%时，则必须使用发酵粉或小苏打帮助蛋糕膨大。

（2）影响油底蛋糕品质的因素如下。

① 在制作油底蛋糕时，如配方中糖和油脂的用量太少，油脂质量不佳，面糊搅拌不够松发会导致蛋糕变硬。

② 配方中膨松剂过多、搅拌过久、鸡蛋用量过多、糖和油脂的用量过多、面粉筋度太低、在烘烤尚未完成时烤盘震动或变形，都会导致蛋糕出炉即收缩。

③ 配方内糖的用量过多或颗粒太粗、膨松剂用量太大、所用油脂的熔点太低、面糊搅拌不够充分、面糊搅拌不够均匀、面糊搅拌后的温度过高、液体原料用量不够，都会导致蛋糕表面有白色斑点。

④ 烘烤时间不够或烘烤温度过高，蛋糕制作出来就会出现夹生现象。

（3）制作方法如下。

① 糖、油拌和法。油脂＋糖粉打松→分次加入鸡蛋→加入粉料→加入其他液体原料→入模→烘烤→出模冷却。

将配方中所有的糖、盐和油脂倒入搅拌缸内，用中速搅拌8～10分钟，直到所搅拌的糖和油膨松成绒毛状，停机，把缸底未搅拌的油脂用刮刀拌匀，再予搅拌。

分多次加入鸡蛋，每次加入前应保证先加入的鸡蛋与油脂充分乳化，并且停机后把缸底未搅拌的原料拌匀，待最后一次加入鸡蛋搅拌至均匀细腻没有颗粒存在。

加入粉料（混合过筛）拌和均匀。

特点：蛋糕体积较大，使用此法油脂用量不能少于60%，否则得不到应有的效果。

② 面粉油脂搅拌法。油脂+面粉打发→加入糖、奶粉等干性原料拌匀→加入液体原料拌匀→入模成型→成熟。

将粉料过筛混合均匀后与所有油脂一起放入搅拌缸内，用叶片状搅拌头低速搅拌1分钟，再改用高速打发，中途需停机将缸底未打到的原料刮起。

将糖、盐加入打发的面油糊内，继续搅拌3分钟左右。

分两次加入鸡蛋，每次加入时需停机将其拌匀。

特点：品质更酥松，组织更细密。

（4）装模注意事项：模具需要刷油、撒干面粉。

（5）烘烤成熟注意事项如下。

① 烘烤前需预热。

② 模具应尽可能放在烤箱中部，模具要在烤盘中摆放。

③ 注意温度、时间。如温度过低，烤出的蛋糕顶部会下陷，同时四周收缩并有残余面屑粘于模具周围，蛋糕松散，内部粗糙；如温度过高则蛋糕顶部隆起，中央裂开，蛋糕质地较为坚硬。烘烤时间不足，蛋糕顶部及周围会出现深色条纹，内部发黏；烘烤时间过长，则蛋糕组织干燥，四周表层干脆。

（6）制作工艺。油底蛋糕的制作工艺如表17-1所示。

表17-1　油底蛋糕的制作工艺

序号	制作工艺	具体说明
1	器具准备	案板、多功能搅拌机、烤箱、烤盘、不锈钢盆、毛刷、抹布等
2	原料准备	配方一：黄油500克、糖粉500克、鸡蛋10个、蛋糕粉450克、葡萄干50克、泡打粉10克、香兰素10克、盐5克； 配方二：黄油1000克、糖粉680克、盐10克、蛋黄500克、蛋清800克、牛奶400克、低筋面粉1000克、泡打粉10克、白糖280克、塔塔粉10克
3	原料初加工	鸡蛋磕开，称量准确；粉类原料称量准确，混合均匀后一起过筛
4	面糊调制	（1）将黄油、糖粉放入搅拌缸内，低速拌匀，再加入盐，高速搅拌至膨松。 （2）分次加入鸡蛋，搅打到细腻膨松为止。 （3）加入过筛的面粉、泡打粉、香兰素调拌均匀
5	装模	模具内抹油、撒干面粉，挤入面糊至模具1/2处

续表

序号	制作工艺	具体说明
6	成熟	放入烤箱中，以180℃/190℃，烤制25～45分钟
7	操作要点	（1）黄油、糖粉搅拌膨松后方可加入鸡蛋。 （2）鸡蛋必须分次加入。 （3）面粉要过筛。 （4）根据模具大小、面糊多少，灵活选择炉温及烘烤时间

4. 清蛋糕的制作

（1）清蛋糕制作原理。主要利用蛋白的发泡性，蛋白在搅打作用下能够起泡。

（2）清蛋糕制作原料。清蛋糕类制作的基本原料有鸡蛋、面粉、白糖，其中鸡蛋是蛋糕膨大和获得水分的主要材料。

（3）影响清蛋糕品质的主要因素。影响清蛋糕品质的主要因素如表17-2所示。

表 17-2 影响清蛋糕品质的主要因素

序号	影响因素	具体说明
1	原料选择	（1）鸡蛋：在选择鸡蛋时一定要注意其新鲜度，越新鲜的鸡蛋发泡性越好，越有利于蛋糕的制作。 （2）面粉：面粉的筋性要恰当，在制作清蛋糕时应选用蛋糕粉（低筋面粉）。在蛋量较少的配方中为保持蛋糕的柔软性，可用玉米淀粉代替部分面粉，但不可使用太多，如果玉米淀粉使用过多会使粉料整体的筋性过低，蛋糕在烘烤成熟后容易塌陷；如果选用高筋面粉会使蛋糕内部组织粗糙，质地不均匀。 （3）白糖：在选择白糖时，应注意糖的颗粒大小，对于不同品种的蛋糕可以灵活选择白砂糖、绵白糖、糖粉。如糖的颗粒过大，搅拌过程中不能完全溶化，成熟后蛋糕底部易有沉淀物，致使蛋糕内部比较粗糙、质地不均匀，同时也会使蛋糕表面有斑点
2	配方设计	清蛋糕膨松的关键是配方设计，在配方设计中影响蛋糕品质的主要是基本原料——鸡蛋、面粉、白糖之间的比例。蛋糕中鸡蛋含量的多少直接影响蛋糕的质地，一般白糖和面粉的量相等，鸡蛋的量则为面粉的1～2.5倍

（4）制作工艺。清蛋糕的制作工艺如表17-3所示。

表 17-3　清蛋糕的制作工艺

序号	制作工艺	具体说明
1	器具准备	案板、多功能搅拌机、烤箱、烤盘、不锈钢盆、毛刷、抹布等
2	原料准备	全蛋1200克、白糖510克、蛋糕粉510克、蛋糕油50克、盐10克、奶香粉10克、色拉油100克、清水240克
3	原料初加工	鸡蛋磕开称量准确；粉类原料称量准确，混合均匀后一起过筛
4	面糊调制	分一步法和多步法： （1）一步法：将原料配方中除油脂和水以外的所有原料放入搅拌缸内，先慢速搅拌均匀，然后改为高速搅拌6～7分钟，加入水再搅打1分钟左右，改为低速，加入油脂拌匀即可。采用一步法一般要求原料中的白糖为细砂糖，蛋糕油的用量必须大于面粉量的4%，如果原料中的白糖颗粒较粗，则需将糖和鸡蛋放入搅拌缸内中速搅拌至糖溶化（大部分）再加入其他原料，除油脂和水以外的所有原料按上述方法制作，其特点是成品内部组织细腻，表面平滑有光泽，但体积稍小。 （2）多步法：将鸡蛋、白糖放入搅拌缸内，中速搅拌至糖溶化（大部分），根据糖颗粒的大小选择搅拌时间，一般1～5分钟，然后加入蛋糕油改为高速搅拌5～7分钟，待蛋糊呈鸡尾状时加入水搅打1分钟左右，改为低速，加入过筛的粉料拌匀，再加入色拉油拌匀即可
5	装盘	准备好烤盘，底部及四周刷油，铺上蛋糕纸，将调制好的面糊倒入，抹平，应根据最后成品要求在烤盘内装入适量的面糊，最多不要超出模具的8分满
6	成形加工	将调制好的面糊倒入烤盘内，根据不同成品的要求，按此原料配方可选择烤一盘或两盘
7	成熟	根据模具的大小、装入面糊的多少，灵活选择烘烤温度和时间。模具越大，面糊越厚，烘烤温度越低，烘烤时间应越长；反之，模具越小，面糊越薄，烘烤温度越高，时间应越短。 一盘：温度190℃/160℃，烘烤时间40分钟左右； 两盘：温度230℃/160℃，烘烤时间10分钟左右
8	冷却	蛋糕成熟后，从烤箱取出，倒翻在蛋糕晾架上，去掉蛋糕纸，冷透后再进行切制、装饰
9	后期处理	蛋糕冷却完成后，根据想要的品种进行切制、卷制等处理。对于此原料配方，如烤一盘，可选择切制成若干小份出品；如烤两盘，可选用卷制，做成瑞士卷、香橙卷等
10	操作要点	（1）注意影响蛋糕品质的主要因素。 （2）蛋糕在装盘时，要抹平一些。 （3）如卷制，一定要卷紧
11	质量要求	（1）形态：规范，外观完整，薄厚均匀，表面无塌陷或隆起现象。 （2）色泽：表面呈均匀棕黄色，内部组织呈均匀的金黄色。 （3）内部组织：膨松适度，气孔均匀而有弹性，内部无粘连、无杂质和硬块。 （4）口味：甜度适中，有蛋糕的清香味

5. 戚风蛋糕的制作

戚风蛋糕的制作原理同清蛋糕，因此影响戚风蛋糕品质的主要因素也基本相同，只是制作戚风蛋糕时不需要蛋糕油，也不会因为温度低使成熟后的蛋糕有沉淀而影响蛋糕质量。

戚风蛋糕的制作工艺如表17-4所示。

表17-4　戚风蛋糕的制作工艺

序号	制作工艺	具体说明
1	器具准备	案板、多功能搅拌机、烤箱、烤盘、不锈钢盆、毛刷、抹布等
2	原料准备	A部分：蛋清900克、白糖500克、盐10克、塔塔粉10克； B部分：清水300克、色拉油250克、白糖200克、蛋糕粉550克、泡打粉10克、玉米淀粉50克、蛋黄375克
3	原料初加工	鸡蛋磕开，将蛋黄与蛋清分开；粉类称量准确，混合均匀后一起过筛
4	面糊调制	（1）蛋黄面糊调制：先把水、色拉油、白糖一同混合搅拌至糖完全溶化，然后加入过筛的粉料，继续搅拌至光滑无颗粒，最后加入蛋黄继续搅拌至面糊均匀光滑。 （2）蛋清打发：将蛋清与白糖一同放入搅拌缸内，中速搅拌至糖溶化，加入盐、塔塔粉后再改为快速搅拌至中度发泡。 （3）混合：取1/3打发的蛋清糊与蛋黄面糊混合，拌匀以后再全部倒入搅拌缸内，与剩余的2/3的蛋清糊完全混合搅拌均匀
5	装盘	将烤盘清理干净，表面刷上一层薄油，然后铺上蛋糕纸，要求铺整齐，四角按要求裁剪，边缘同样要粘牢
6	成形加工	将调制好的面糊倒入烤盘内，根据不同成品的要求，按此原料配方可选择烤一盘或两盘
7	成熟	一盘：温度190℃/170℃，烘烤时间40分钟左右； 两盘：温度210℃/170℃，烘烤时间10分钟左右
8	冷却	蛋糕成熟后，从烤箱取出，倒翻在蛋糕晾架上，去掉蛋糕纸，冷透后再进行切制、装饰
9	后期处理	蛋糕冷却后，根据想要的品种进行切制、卷制等处理。对于此原料配方，如烤一盘，可选择切制成若干小份出品；如烤两盘，可选用卷制，做成各式蛋糕卷等

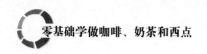

序号	制作工艺	具体说明
10	操作要点	（1）根据不同品种的要求，选择蛋白打发程度。 蛋白打发的一般过程如下。 起泡期：表面有很多不规则的气泡； 湿性发泡期：表面转为均匀细小的气泡，洁白有光泽，用指勾起呈细长尖峰，尾巴有弯曲状； 中性发泡期：用手指勾起呈鸡尾状； 干性发泡期：蛋白无法看出气泡组织，颜色洁白无光泽，用手指勾起呈尖峰状，尾部会微微弯曲； 棉花期：蛋白为球形凝固状，用手勾起无法呈尖峰状，形态似棉花，此为搅拌过度，不适合再用来做蛋糕。 （2）原料在混合时，要顺一个方向轻轻搅拌，拌匀即可，不要搅拌太久。 （3）蛋白打发时，如糖的颗粒较大，可先中速搅打一会儿使白糖溶化（大部分），后再加入塔塔粉改高速搅打起泡。 （4）塔塔粉的作用是降低蛋白pH值的同时可使打发后的蛋白比较稳定，如果没有塔塔粉，可用少量白醋或醋精代替。 （5）盐能够增加蛋糕的弹性和韧性，必须加。 （6）蛋白打发完成后，改为低速搅打1分钟左右，排除搅拌过程中产生的较大气泡，在装盘完成后也要排气泡。 （7）注意成熟度。 检验蛋糕成熟的方法如下。 摸：用手轻轻摸蛋糕表面稍用力下按，感觉有弹性，手离开蛋糕不塌陷说明已经成熟； 试：用牙签或竹签插入蛋糕内部然后拔出，如签子头部干爽则表示蛋糕已经成熟，如发黏说明蛋糕还未成熟
11	质量要求	（1）形态：规范，外观完整，薄厚均匀，表面无塌陷或隆起现象。 （2）色泽：表面呈均匀棕黄色，内部组织呈均匀的淡黄色或金黄色。 （3）内部组织：膨松适度，气孔均匀而有弹性，内部无粘连、无杂质和硬块。 （4）口味：甜度适中，有蛋糕的清香味

二、混酥类西点制作

混酥面团一般是指由面粉、油脂、糖、鸡蛋及适量的膨松剂等原料调制而成的面团。混酥面团多糖、多油脂，少量鸡蛋，一般不加水（或加入极少量的水），面团较为松散，无层次、无弹性和韧性，但具有酥松性，用于制作如开口笑、苹果派等混酥类西点品种，如图17-7所示。

图 17-7　苹果派

1. 混酥面团的成团原理

混酥面团的酥松，主要是由面团中的面粉和油脂等原料的性质决定的。油脂本身是一种胶性物质，具有一定的黏性和表面张力，面团中加入油脂后面粉颗粒被油脂包围，并牢牢地与油脂粘在一起，阻碍了面粉吸水，从而限制了面筋的生成。面团中加入糖，而糖具有的吸水性会使其迅速地吸走面团中的水分，从而也限制了面筋的生成。生成的面筋越少，制品就越酥松。同时，在调制面团过程中油脂会结合大量空气，当生坯加热时气体受热膨胀，使制品体积膨大、酥松并呈现多孔结构。调制混酥面团时常常添加适量的膨松剂，如小苏打、泡打粉等，借助膨松剂受热产生的气体来补充面团中气体含量的不足，增加制品的酥松性。这就是混酥面团的成团原理。

2. 混酥面团的调制方法

一般多采用油糖调制法，方法是面粉过筛置于案板上开窝（较大），加入糖、油进行搅拌至糖溶化，分次加入鸡蛋，搅拌均匀，用堆叠法调制成团。如有膨松剂加入，方法参考膨松面团的调制方法。

3. 混酥面团的调制要点

（1）面粉多选用低筋粉，这样形成的面筋少，可增加制品的酥松性。

（2）调制面团时应将油、糖、蛋等充分乳化再拌入面粉和成团，乳化得越充分，和成的面团越细腻、柔软。

（3）调制面团时速度要快，多采用堆叠法成团，尽量避免揉制，以减少面筋的生成。

（4）和好的面团不宜久放，否则会生筋、出油，从而影响成品质量。

4.代表品种制作——苹果派

苹果派的制作工艺如表17-5所示。

表 17-5　苹果派的制作工艺

序号	制作工艺	具体说明
1	器具准备	案板、烤箱、烤盘、不锈钢盆、毛刷、抹布等
2	原料准备	（1）皮料：面粉450克、黄油300克、糖粉170克、鸡蛋100克、香兰素5克、盐2克。 （2）馅料：苹果5～6个、玉桂粉10克、柠檬1个、白糖100克、黄油100克、葡萄干100克
3	原料初加工	（1）鸡蛋磕开，称量准确；粉类原料称量准确，混合均匀后一起过筛。 （2）苹果去皮，柠檬洗净去皮后果榨汁，皮切碎，葡萄干洗净
4	面团制作	（1）将黄油、糖粉放入搅拌缸内，搅拌均匀，无颗粒物。 （2）分次加入鸡蛋。 （3）加入盐、香兰素继续搅拌。 （4）最后加入粉料拌匀制成面团
5	馅心制作	（1）去皮苹果切十字刀，一分为四，将果肉切成大小均匀的小块或小片。 （2）将平底锅放到火上，放入白糖以小火炒至金黄色，加入黄油，待黄油全部熔化后，放入苹果，最后加入玉桂粉、柠檬皮、柠檬汁、葡萄干。 （3）继续加热至苹果八成熟，外观为金黄色时即可
6	包馅成形	面团和好后擀成2毫米厚，用相应的派模划出大小圆皮，放入派模，按平后放入馅心，将剩余面皮擀成长方形，切长条，在馅心上盖上十字花面，最后在表面刷上蛋黄液
7	成熟关键	温度：195℃/205℃； 时间：烘烤45分钟左右
8	操作要点	（1）面糊调制时一定不要打发，糖粉与黄油拌匀即可。 （2）鸡蛋要分次加入，防止油水分离。 （3）烤制时底部要刺孔排气

三、起酥类西点制作

起酥类西点制作时由水调面团包裹油脂，再经反复擀制折叠，形成一层面与一层油交替排列的多层结构，起酥类西点具有层次清晰、成品体轻、入口香酥、爽口的特点，代表品种有千层酥等，如图17-8所示。

图 17-8　千层酥

1. 起酥原理

一般西点的膨大是借助搅拌过程中拌入的空气或利用膨松剂的作用以及高温烘烤时水蒸气的膨胀作用等来达到的，而起酥类制品的膨胀和分层主要是依靠面团和油脂这两种性质完全不同的物质经包裹、擀折等操作，形成一层面一层油、片片如纸般的多层相叠结构，最后经烘烤受热而产生膨胀、分层的效果。

由于面皮层面团中含有大量的水分，包裹的油脂中也含有水分，这些水分在烘烤时因受热而产生大量水蒸气，在水蒸气的压力迫使下层与层之间慢慢地开始分开。同时，面层之间的油脂像"绝缘体"一样将面层隔开，防止了面层之间的相互黏结。在烘烤过程中，熔化了的油脂被面层吸收，而且高温下的油脂亦作为传热介质烹制了面层并使其酥脆。

2. 原料选择

（1）面粉的选择。宜选用中高筋面粉，筋性较高，其在反复擀制过程中面团拉伸变薄时不易被拉断（破酥），且吸水性强，在成熟过程中能够产生足够的水蒸气，易于分层。但不可筋性过高，否则制品易回缩。

（2）油脂的选择。水油面中加入适量的油脂可改善面团的操作性能，增加成品的酥性，不加油脂则制品干硬。可选用奶油、麦淇淋（人造黄油）或其他

固态油脂。

（3）酥心的选择。传统多用奶油或麦淇淋，现在多用片状起酥油，奶油熔点低，操作起来不易掌握，特别是夏天，油脂熔化易产生"走油"现象。

3. 工艺流程

面团调制（皮面、油面）→包油→擀开、折叠→再擀开、折叠（反复多次）→成形→成熟→装饰→成品。

4. 制作过程

（1）面团调制。皮面多用搅拌机，加水量一般为面粉的45%～56%，加油量一般为面粉的12%。面粉加水调制成团后加入油脂，搅拌至面团扩展阶段。

（2）包油。包油有法式和英式两种。

① 法式：皮面、油酥均擀制成正方形，油酥为皮面的1/2大小，将油酥放在皮面上，四个角正对油面四边的中间，然后将油面四角向中间叠起包住油酥，收口捏紧即可。

② 英式：皮面擀制成油酥的两倍大小（一般为长方形），油酥放在皮面的1/2处，将皮面两侧向中间叠起，包住油酥，收口捏紧。

（3）擀开、折叠 。

擀制方法如下。

① 面团每擀制折叠之间要静置20分钟，以利于面层在拉伸后的放松，防止制品最后收缩变形，并保持层与层之间的分离，成形后的制品在烘烤前亦应放置20分钟。

② 每次擀制时，面团不宜擀制太薄，防止破酥而使层与层粘连。

③ 静置过程中应用保鲜膜盖好，防止表皮发干。

④ 擀制过程中要求动作麻利，用力均匀。

皮面包住油酥后，将其擀成长方形，再进行折叠，折叠方法一般有三折法和四折法。

① 三折法：即将长方形面团沿长边分为三等份，两端的两部分分别先后折向中间，折成原来1/3大小的面团，再擀制。

② 四折法：即先将长方形面团四等分，然后将两边向中间折叠，再沿中线折一次，其宽度为原来的1/4。

（5）成形。根据制品的需要将折叠后的面团擀制成0.2厘米至0.3厘米厚，可采用切、划、卡模等方法制出生坯，再经过加馅等方法造型。

成形时要领如下。

① 面团不可冷冻太硬，太硬可静置片刻，待稍软再擀。

② 成形后的面皮薄厚一致，擀制动作要快，干净利索。

③ 切、划、卡等操作时，刀、模具要锋利，切面要整齐、平滑、间隔分明。

（6）成熟。烘烤温度一般为180℃～200℃，根据制品大小、薄厚灵活选择温度。有些制品在烘烤时先采用高温加速烘烤，后改用低温或关闭电源焖烤使制品成熟。

（7）装饰。起酥类点心可有多种形状和多种口味，也可以在成熟后的制品表面撒糖粉，或用白砂糖、水果、馅料等装饰。

5. 代表品种制作——千层酥

千层酥的制作工艺如表17-6所示。

表17-6 千层酥的制作工艺

序号	制作工艺	具体说明
1	器具准备	案板、多功能搅拌机、烤箱、烤盘、不锈钢盆、毛刷、抹布等
2	原料准备	高筋面粉60克、低筋面粉540克、鸡蛋1个、白砂糖50克、黄油90克、水190克、片状起酥油400克
3	原料初加工	将面粉称量过筛，白砂糖与水混合成糖水
4	皮坯加工	（1）面团调制：面粉加鸡蛋、黄油、水、白砂糖调制成团，揉搓光滑，盖上塑料保鲜膜松弛饧面。 （2）包油：采用英式包油法，先将皮面团擀成厚薄均匀的长方形面片，再将片状起酥油浸30分钟，擀制或整形成大小约为皮面面片的一半，然后将片状起酥油放在皮面团上面的一半位置上，像包饺子一样，将皮面面片以对折的方式把片状起酥油完全包裹住，最后将边缘捏拢按紧。 （3）擀叠方法：折三次，使用开酥机压片，将包油后的长方形面团放在开酥机一侧，调整好滚轮间距，利用手柄控制面团往返方向，并逐渐缩小滚轮间距，将面团由厚压薄。 （4）成形：将折叠好的面团用滚筒擀制成厚薄均匀的薄片（厚度约5毫米），用滚刀分切成7厘米宽的正方形面坯，表面刷上蛋液，然后取一个面坯将每个角划一刀，刀口划过的角向中间折叠并用清水粘成风车形，表面再刷上一层蛋液即成生坯，摆入烤盘放置20～30分钟再烤

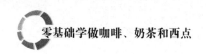
序号	制作工艺	具体说明
5	成形加温	上火220℃、下火200℃，烤制时间约12分钟
6	操作要点	（1）面团的软硬度要与所包裹的片状起酥油的软硬度一致。 （2）面团在每次折叠后应静置20分钟左右，有利于面团在拉伸后面筋的放松，便于下一步操作。 （3）擀制、折叠好的面团在静置时应装入保鲜袋中，以防表皮发干，如在夏季应放入冰箱。 （4）烘烤时宜采用较高的炉温，高温下面层很快产生足够的水蒸气，有利于酥层的形成和制品的胀发

四、面包类西点制作

面包是以面粉为主要原料，与酵母和其他辅料（盐、糖、油脂、乳品、鸡蛋、果料、食品添加剂等）一起加水调制成面团，再经发酵、整形、成形、烘烤等工序加工制成的发酵食品。如图17-9所示。

图 17-9　甜面包

1. 面包面团的制作原理

面包面团属于生物膨松面团。生物膨松面团是在面团中加入了酵母，酵母在繁殖过程中产生二氧化碳气体使面团膨胀。面团发酵过程中，酵母主要是利用酶分解的单糖进行繁殖，产生二氧化碳气体而发酵。

面团调制开始时，酵母利用面粉中含有的单糖迅速繁殖，此时面团混入大量空气，氧气十分充足，酵母的生命活动也非常旺盛，酵母进行有氧呼吸。随着二氧化碳不断积累增多，面团中的氧气不断被消耗，慢慢地酵母的有氧呼吸被酒精发酵代替。酵母在有氧呼吸过程中能够产生一定热量，是酵母生长繁殖所需热量的主要来源，也是面团温度上升的主要原因，同时产生一定量的水分，这也是面团发酵后变软的主要原因。酒精发酵过程中，除产生大量二氧化碳气体外还产生一定量的酒精，酒精和面团中有机酸作用形成脂类，给发酵制品带来特有的香味。

2. 面包制作的原料、辅料

面包制作的原料主要有面粉、酵母、水，辅料主要有盐、油脂、糖（糖浆）、乳品、鸡蛋等。

（1）面粉：选用高筋面粉（湿面筋含量为30% ～ 40%），使用前要过筛处理（除去杂质，打碎粉团，同时调节粉温，使面粉混入一定的空气，有利于酵母生长繁殖）。

（2）酵母：将糖发酵转化为二氧化碳和酒精，有压榨鲜酵母和活性干酵母等。

（3）水：溶剂和增塑剂，要求无色、无臭、无异味、无有害微生物；中等硬度；pH值要略低于7；水温适合（调节面团温度达28℃～ 30℃）。

（4）盐：增强面团筋力，改善面包风味；要用水溶解成盐水使用。

（5）油脂：增加面包体积，使面包瓢心的蜂窝结构更加均匀细密而且疏松，并使面包外皮光亮美观而让人增加食欲；固体油脂应熔化成液体冷却后使用。

（6）糖或糖浆：供给酵母碳源，改善发酵条件，调节面包风味，改良烘烤特性，使面包外皮色泽美观；糖液要过滤后使用。

（7）乳品、鸡蛋：提高风味，改善组织结构和色泽。

（8）其他辅料：面团改良剂（氧化剂、酶制剂、乳化剂等）、防腐剂（预防霉菌）等。

小提示

　　属于液体的原料、辅料应过滤后使用；粉质、固体原料和辅料，有的要加水溶解后使用，水量从配方总水量中扣除；不加水的原料和辅料则要过筛后使用。

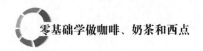

3. 面包制作的工艺流程

微信扫一扫查看
经典牛角包和德国
结面包制作演示教程

面包制作的工艺流程为：面团调制→初次发酵→分割→搓圆→中间发酵→成形→最后发酵→烘前装饰→烘焙→成品装饰→完成。

（1）面团调制。将面粉、奶粉、酵母、改良剂一同倒入搅拌缸内，低速拌匀。盆内加糖、鸡蛋、水搅拌至糖溶解，加入搅拌缸内，用低速搅拌成团，加入食盐，改中（高）速搅拌至面团扩展阶段（面团表面光滑、干燥，面筋易断）加入油脂，改低速拌匀后，再转中（高）速搅拌至面团完全扩展阶段（面团表面稍湿润，用手向四面拉面团，能够形成较薄的薄膜状），然后将面团置于温度为30℃、相对湿度为75%的温箱中发酵90～120分钟即可。

（2）初次发酵。面团初次发酵30分钟，发酵温度30℃，相对湿度40%。

经过发酵，面粉本身的酵素作用使面筋软化，易于整形。面团内部产生网状结构，保留酵母所产生的二氧化碳气体，使面包进炉后易于膨大，从而形成内部细柔的组织。在发酵过程中，面团内部的原料产生了各种化学和物理变化，使面团产生特有的香味。

（3）分割。将大面团割成一定重量的小面团，由于后工序中的水分损失，分割重量约为成品重量的110%。

（4）搓圆。将分割后的面团滚圆，使其表面光滑，以利于气体保存和后工序操作（如小面团，仅撒少许面粉即可）。

（5）中间发酵。中间发酵也称松弛或中间饧发，即将面团放置10～15分钟，面筋的松弛及酵母产生的新气体，使面团恢复柔软，操作时应防止表皮干硬。

（6）成形。将面团加工成品种要求的形状，馅料面包一般先包馅后成形。

（7）最后发酵。最后发酵，也称饧发，是酵母在适合的条件下，大量产生气体，使面团挺发和体积增大的过程，饧发后面团的体积为成品的80%左右。饧发条件一般控制温度为35℃～40℃，相对湿度为75%～85%，时间为60～90分钟。

饧发不足和饧发过度都对面包质量有很大的影响，鉴别饧发程度可用手指在坯料上按一按，如按下去后，坯料弹回来缓慢，表示饧发已成熟。从体积看，饧发后的体积一般是原体积的2～3倍。饧发不足的面团体积小、组织不疏松、弹性差，手指按下去弹不回，留下一个实心的圆洞。饧发过度的面团手指按下后出现虚心洞，且刷蛋液时容易塌陷，烘焙后成品组织粗糙，或形成空心面包，口感不佳。

如图17-10所示的3个方面可在鉴别饧发程度时作为参考。

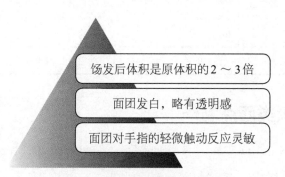

图 17-10　鉴别饧发程度合适的标准

（8）烘焙。烘焙是面包在烤炉中加热制为成品的工序，在烘焙中，由于气体受热膨胀，面包体积进一步增大，同时伴随淀粉糊化和蛋白质凝固，面包成熟定型，并产生诱人的烘焙香气和色泽。

烘焙的温度和时间取决于面包坯料厚薄、辅料成分的多少等因素，烘焙温度的范围是180℃～220℃，甜面包为180℃～200℃，咸面包为200℃～220℃，底火比面火稍低，烘焙时间约为15分钟。烘焙前坯料表面刷蛋液，以使制品表面光亮，咸面包可用全蛋液，甜面包可用加水稀释的蛋液（蛋液与水的比例为1∶1）。烘焙后可趁热在制品上刷色拉油或熟花生油。

4. 甜面包的制作

甜面包的制作工艺如表17-7所示。

表 17-7　甜面包的制作工艺

序号	制作工艺	具体说明
1	器具准备	案板、多功能搅拌机、烤箱、烤盘、不锈钢盆、毛刷、抹布等
2	原料准备	酵母30克、盐10克、糖200克、奶粉50克、黄油100克、鸡蛋100克、改良剂10克、面粉1000克、水500克
3	原料初加工	将面粉称量过筛，糖与水、鸡蛋混合成蛋糖水

续表

序号	制作工艺	具体说明
4	三次发酵	（1）将所有原料倒入搅拌缸内加水搅拌成团，放入发酵箱内，采用直接发酵法，直至"初次发酵"完成。 （2）分割成30克/个，用手搓圆，"中间发酵"10～15分钟。 （3）取面团轻轻滚圆，稍微压扁后包入馅心，"最后发酵"60～90分钟
5	成熟技术	表面刷蛋液，放入烤箱，以200℃/180℃，烤制15分钟左右

五、泡芙类西点制作

泡芙（如图17-11所示）是一种源自意大利的甜食，其吃起来外热内冷、外酥内滑，口感极佳。

图 17-11　泡芙

1. 起发原理

泡芙的起发主要由面糊中各种原料及特殊的混合方法决定，其基本用料有油脂、面粉、水、鸡蛋。

（1）油脂。首先，油脂的油溶性和柔软性使面糊有松软的品质，增强面粉的混合性；其次，油脂的起酥性使烘焙的泡芙表面具有松脆的特点。

（2）面粉。面粉中的淀粉在温度达到90℃以上时，会吸水膨大并发生糊化，产生黏性，这使得泡芙面糊能够粘连并膨胀，最终形成泡芙的骨架。

（3）水。泡芙面糊需要有足够的水分，这样才能够在烘烤过程中产生足够的水蒸气，使制品膨大中空。

（4）鸡蛋。蛋白使面团具有延伸性，当产生气体时能使泡芙面糊增大体积；蛋黄具有乳化性，可以使面糊变得柔软、光滑。

2. 制作过程

（1）烫面。将水或牛奶、黄油、盐一起放入锅内，上火煮沸，使黄油全部熔化。倒入过筛的面粉，用勺或木铲不停搅拌，随后改用微火一边加热一边搅拌，直至面团烫熟、烫透，无面粉颗粒时离火。

（2）搅面。烫熟的面团冷却后放入搅拌缸内，用叶片状搅拌头搅拌（中速），分次加入蛋液，每次加入蛋液应与面糊全部搅拌均匀，然后再次加入新的蛋液，直至形成稀稠合适的面糊。

检验面糊稠度的方法：用木铲将面糊挑起，若面糊缓缓均匀地往下流即为搅拌适度，若面糊流得过快说明面糊较稀，相反说明加入鸡蛋的量不够。

（3）成形。泡芙成形的好坏直接影响制品的品质，其成形的方法一般为挤注法。

① 准备好干净的烤盘，在烤盘上刷一层薄薄的油脂，再撒上一层薄薄的面粉，以免挤糊时打滑。

② 将调好的泡芙面糊装入带有花嘴的裱花袋内，根据制品需要的形状、大小，将泡芙面糊挤注到烤盘上，一般形状有圆形、长条形、圆圈形、椭圆形等。

（4）成熟。一般可烤制或炸制。

① 烤制：温度一般在220℃/180℃，时间为20～35分钟，前阶段保证炉温达到要求温度，避免打开烤箱门降低温度而影响泡芙的胀发以及造成表面过于干硬。后阶段制品上色定型后，调低炉温，使水分完全蒸发，烤至制品表皮酥脆。

② 炸制：泡芙面糊用金属勺子蘸上油挖成球形，或用裱花袋加工成圆形或长条形，放入六七成热的油锅里炸制，注意控制好油温。温度过高会外焦内生，温度过低则不易起发、不易上色。

（5）装饰。一般先使用鲜奶油进行填馅，再使用菠萝皮（成熟前）、糖粉、巧克力进行装饰。

3. 制作要领

（1）面粉必须过筛，使面粉颗粒更加细腻、均匀。

（2）烫面时，要充分搅拌均匀，不能留有干的面粉颗粒。

（3）烫面时要使面粉完全烫熟、烫透，同时防止煳锅底。

（4）待面糊稍冷后加入蛋液，而且每次加入蛋液必须搅拌至全部融入面糊后再加入新的蛋液。

（5）挤注时要求生坯大小一致，在烤盘内摆放时要均匀，且生坯之间要有一定距离，防止成熟后粘连。注意不可以多次挤注同一生坯。

（6）烤制过程中，特别是前阶段不可打开烤箱门。

4. 制作工艺

泡芙的制作工艺如表17-8所示。

表 17-8　泡芙的制作工艺

序号	制作工艺	具体说明
1	器具准备	多功能搅拌机、烤箱、烤盘、不锈钢盆、毛刷、抹布等
2	原料准备	黄油400克、中筋面粉500克、牛奶400克、清水500克、鸡蛋800克（约16个）、盐15克、糖20克
3	原料初加工	鸡蛋磕开，称量准确；粉类原料称量准确，混合均匀后一起过筛
4	面糊制作	（1）将牛奶、清水、盐、糖入锅烧沸，加入黄油使之全部熔化，加入过筛面粉快速搅拌到面团熟透为止。 （2）将面团放入面缸内分多次加入蛋液，用中（高）速搅拌均匀即可（每次搅拌均匀后再少量加新蛋液）
5	成形加工	将调好的面糊用裱花袋挤注到抹了少许油的烤盘内
6	成熟技术	220℃/180℃，15分钟后关闭电源，焖烤15分钟
7	制作要点	（1）面粉要过筛，以免出现面疙瘩。 （2）面团要烫透，同时不要出现煳底的现象。 （3）蛋液必须分次加。 （4）烘烤过程中不要打开炉门或过早出炉，以免制品塌陷、回缩。 （5）成形最好大小一致，不可多次挤注同一个生坯，否则成形不美观

六、饼干类西点制作

饼干是以小麦粉为主要原料，加入糖、油脂及其他原料，经调粉、成形、烘烤等工艺制成的食品，具有口感酥松、水分含量少、耐储存的特点，如图17-12所示。

图17-12　曲奇饼干

1. 饼干的分类

饼干的品种很多，要将饼干严格分类是颇为困难的。在此，按生产工艺的不同，我们将饼干分为韧性饼干和酥性饼干两类。

（1）韧性饼干。韧性饼干所用原料中，油脂和糖的用量较少，因而在调制面团时，容易形成面筋，一般需要较长时间调制面团，采用滚轧的方法对面团进行延展整形，切成薄片状烘烤。因为这样的加工方法可形成层状的面筋组织，所以烘烤后的饼干断面是比较整齐的层状结构。为了防止表面起泡，通常在成形时要用针孔凹花印模。成品极脆，质轻，常见的品种有动物饼干、什锦饼干、玩具饼干、大圆饼干等。

（2）酥性饼干。酥性饼干与韧性饼干的原料配比相反，在调制面团时，糖和油脂的用量较多，而加水较少。在调制面团操作时搅拌时间较短，尽量不使面筋过多地形成，常用凸花无针孔印模成形。成品酥松，一般感觉较厚重，常见的品种有甜饼干、挤花饼干、小甜饼、酥饼等。

2. 饼干制作的原料、辅料

饼干制作的主要原料是面粉，此外还有糖类、淀粉、油脂、乳制品、蛋制品、香精、膨松剂、食盐等辅料。

（1）面粉。饼干制作工艺中除了个别品种，一般不希望面筋过多形成，因为筋力过高将给成形带来困难，所以制作饼干所用的面粉，一般应选用筋力小的薄力粉。

当面粉的筋力过高时，需要添加淀粉以减少面筋蛋白的比例，降低面团的筋性。一般可添加小麦淀粉、玉米淀粉和马铃薯淀粉。

（2）糖类。糖的作用除增加甜味、上色、添加光泽和帮助发酥外，对于酥性饼干，糖的另一个重要作用便是阻止面筋形成，因为糖有强烈的反水化作用。这是因为糖在溶解时需要水，同时使溶液渗透压加大，这就抑制了面筋吸水胀润。糖用量在面团量的10%以下时，对面团吸水影响不大，但在20%以上时对面筋形成有较大的抑制作用。

（3）油脂。一般使用起酥油，它在面团形成时的作用与糖一样，有反水化作用，可阻止面筋的形成。这是因为脂肪会吸附在蛋白质分子表面，使表面形成一层不透性薄膜，阻止水分向胶粒内部渗透，使面筋得不到充分胀润。另外，表面层的脂肪还会使蛋白质胶粒之间结合力下降，使面团弹性降低，黏性减弱。

（4）膨松剂。大多数种类的饼干都会使用化学膨松剂来增加膨松度。

（5）食盐。食盐的添加对于饼干有如图17-13所示的意义。

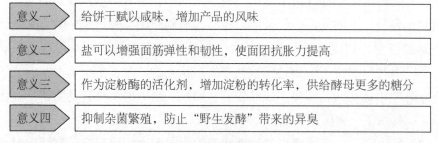

意义一	给饼干赋以咸味，增加产品的风味
意义二	盐可以增强面筋弹性和韧性，使面团抗胀力提高
意义三	作为淀粉酶的活化剂，增加淀粉的转化率，供给酵母更多的糖分
意义四	抑制杂菌繁殖，防止"野生发酵"带来的异臭

图17-13　添加食盐对饼干的意义

除此以外，对于苏打饼干、椒盐饼干等品种，盐可在饼干表面形成薄片状的结晶，为消费者所喜爱，所以撒盐成了制作工艺的重要部分。

（6）其他。为了丰富饼干的品种、改善品质和增添风味，常用的辅料还有乳制品（乳粉、液体乳、炼乳、乳清、奶酪、奶油等）、蛋制品、可可粉、巧克力制品、咖啡、果脯、果酱等。

上述原料和辅料通过和面机调制成面团，再经压面机轧成面片，经成形机压成饼干坯，最后经烤炉烘烤，冷却后即成为酥松可口的饼干。前文讲过，按生产工艺的不同，饼干可分为两大类，即韧性饼干和酥性饼干。无论是韧性饼干还是酥性饼干，虽然其配方、投料顺序、操作顺序、操作方法不同，但基本制作工艺流程相似。

3. 饼干的制作工艺流程

（1）原料和辅料的预处理。原料和辅料的预处理要求如表17-9所示。

表 17-9　原料和辅料的预处理要求

序号	原辅料类别	处理要求
1	面粉	（1）生产韧性饼干，宜使用湿面筋含量为24%～36%的面粉；生产酥性饼干，宜使用湿面筋含量为24%～30%的面粉。 （2）使用前必须过筛，过筛的目的，除了使面粉形成微小粒和清除杂质以外，还能使面粉中混入一定量的空气，发酵面团时有利于酵母的增殖，这样制成的饼干较为酥松。在过筛装置中需要增设磁铁，以便去除磁性杂质。 （3）面粉的湿度，应根据季节不同加以调整
2	糖类	（1）一般都将白砂糖磨碎成糖粉或溶化为糖浆使用。 （2）为了清除杂质，保证细度，磨碎的糖粉要过筛，一般使用100目的筛子。 （3）糖粉若自己磨制，粉碎后温度较高，应冷却后使用，以免影响面团温度。 （4）将白砂糖溶化为糖浆，加水量一般为白砂糖量的30%～40%；加热溶化时，要控制温度并经常搅拌，防止焦煳，使糖充分溶化；煮沸溶化后过滤，冷却后使用
3	油脂	（1）普通液体植物油、猪油等可以直接使用。 （2）奶油、人造奶油、氢化油、椰子油等油脂，低温时硬度较高，可以用文火加热，或用搅拌机搅拌，使之软化后再使用，这样可以加快调面速度，使面团更为均匀。 （3）油脂加热软化时要掌握火候，不宜完全熔化，否则会破坏其乳状结构，降低成品质量，而且会造成饼干"走油"；加热软化后是否需要冷却，应根据面团温度决定
4	乳制品和蛋制品	（1）使用鲜蛋时，最好经过检验、清洗、消毒、干燥等操作；打蛋时要注意清除坏蛋与蛋壳。 （2）使用冰蛋时，要将冰蛋置于水池中，待其解冻后再使用。 （3）牛奶要经过滤。 （4）奶粉、蛋粉最好放在油或水中搅拌均匀后使用

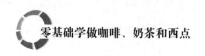

续表

序号	原辅料类别	处理要求
5	膨松剂与食盐	（1）膨松剂与食盐必须与面粉调和均匀。在饼干生产中使用的膨松剂、食盐等水溶性原料和辅料，在用水溶解之前要过筛，如有硬块应该先打碎，使上述物质形成微小颗粒，最后溶解于冷水中。 （2）不要用热水溶解，以免膨松剂受热而分解出二氧化碳气体，降低膨松效果

（2）面团的调制。面团的调制是饼干生产中关键性的工序。面团调制恰当与否，不仅关系机械是否能正常运转，而且是韧性饼干和酥性饼干质量好坏的分界线。韧性饼干和酥性饼干的生产工艺不同，调制面团的方法也有较大的差别。韧性饼干的韧性面团是采用热粉韧性操作法，酥性饼干的酥性面团是采用冷粉酥性操作法。如表17-10所示。

表 17-10　面团调制方法

序号	调制方法	具体说明
1	热粉韧性操作法	（1）面团温度为38℃～40℃。 （2）一般先将油、糖、乳制品、蛋制品等辅料加热水或热糖浆在和面机中搅拌均匀，再加入面粉调制面团，如使用改良剂，应在面团初步形成时（约调制10分钟后）加入，然后在调制过程中先后加入膨松剂与香精，继续调制，前后约40分钟以上即可调制成韧性面团。 （3）韧性面团调制成熟后，为了降低面包的黏度与弹性，保持面团性能稳定，必须放置10分钟以上，方能进行滚轧成形
2	冷粉酥性操作法	（1）先将油、糖、乳制品、蛋制品、膨松剂等辅料与适量的水倒入和面机内，搅拌均匀成乳油液，然后将面粉、淀粉倒入和面机内，调制6～12分钟，香精要在调制成乳油液的后期加入，也可在投入面粉时加入，以避免香味过量挥发。夏季因气温较高，搅拌时间可以缩短2～3分钟。 （2）面团温度要控制在22℃～28℃，油脂含量高的面团，温度控制在20℃～25℃。夏季气温高，可以用冷水调制面团，以降低面团温度。 （3）面粉中湿面筋含量如高于40%，可将油脂与面粉调成油酥式面团，然后再加入其他辅料，或在配方中减掉部分面粉，掺入同量的淀粉

（3）面团的滚轧。调制好的面团，要滚轧成厚度均匀、形态平整、表面光滑、质地细腻的面片，为成形做好准备。具体要求如表17-11所示。

表 17-11　面团滚轧要求

序号	面团类别	滚轧要求
1	韧性面团	（1）韧性面团在轧前要静置一段时间，目的是消除面团在搅拌时因拉伸所形成的内部张力，降低面团的黏度与弹性，提高面筋的工艺性能和制品的质量。静置时间的长短，根据面团温度而定，一般是面团温度高静置时间短，温度低则静置时间长。面团温度如达到40℃，要静置10～20分钟。 （2）韧性面团滚轧次数，一般为9～13次，滚轧时多次折叠并旋转90度。 （3）面团经过滚轧，被压制成一定厚度的面片
2	酥性面团	（1）酥性面团中含油、糖较多，轧成的面片质地较软，易于断裂，所以不应多次滚轧，更不要进行90度转向，一般单向往复滚轧3～7次即可。根据具体情况，也可采用单向滚轧一次。 （2）酥性面团在滚轧前不必长时间静置。 （3）轧好的面片厚度约为2厘米，较韧性面团的面片厚，这是由于酥性面团易于断裂，而且比较软，通过成形机的滚轧后即能达到成形要求的厚度

（4）成形。滚轧工序轧成的面片，经成形机制成各种形状的饼干坯。

（5）烘烤。制成的饼干坯放入烤炉后，在高温作用下，饼干内部所含的水分蒸发，淀粉受热糊化，膨松剂分解而使饼干体积增大，蛋白质受热变性而凝固，最后形成多孔性酥松的饼干成品。

烘烤的温度和时间，因饼干品种与块形大小的不同而异。一般烘烤温度保持在230℃～270℃，不得超过290℃。如果烘烤炉的温度较高，可以适当缩短烘烤时间。炉温过高或过低都会影响成品质量，温度过高容易烤焦，温度过低会使成品不熟、色泽发白。

韧性饼干宜采用较低温度、较长时间的烘烤。

（6）冷却。烘烤完毕的饼干，其表面层与中心部的温差很大，外层温高、内部温低，温度散发迟缓。为了防止饼干外形收缩与破裂，必须冷却后再包装。在春、夏、秋季，可采用自然冷却法。如要加速冷却，可以使用吹风机，但空气的流速不能超过2.5米/秒。空气流速过快，会使水分蒸发过快，饼干易破裂。冷却最适宜的温度是30℃～40℃，室内相对湿度为70%～80%。

（7）包装。包装材料一般采用马口铁、纸板、聚乙烯塑料袋、蜡纸等。

饼干虽是耐储性的一种食品，但也必须考虑储藏条件。饼干适宜储藏在低温、干燥、空气流通、空气清洁、避免日照的场所。储藏环境温度应在20℃左右，相对湿度以70%～75%为宜。

4.代表产品制作——曲奇饼干

曲奇饼干的制作工艺如表17-12所示。

表17-12　曲奇饼干的制作工艺

序号	制作工艺	具体说明
1	器具准备	烤盘、电子秤、打蛋器、刮刀、8齿曲奇裱花嘴、裱花袋、不锈钢碗盆等
2	原料准备	1个鸡蛋的蛋清、低筋面粉145克、黄油125克、糖粉50克、盐1克
3	制作过程	（1）125克黄油室温下软化以后，用打蛋器打至顺滑。 （2）加入50克糖粉、1克盐，用打蛋器打发至膨松发白的状态，黄油打发越到位，做出的饼干就越酥松。 （3）分2～3次把蛋清加入打发好的黄油中，并用打蛋器搅打均匀，每一次都要等黄油和蛋清完全融合再加新蛋清。 （4）黄油必须与蛋清完全融合，不出现分离的现象，打发好的黄油呈现轻盈、膨松的质地。 （5）在黄油糊里筛入145克低筋面粉，并用刮刀搅拌均匀。 （6）先将裱花嘴装入裱花袋顶部，然后将面糊装入裱花袋中，再挤出造型。 （7）把挤好的曲奇放进预热好的烤箱，以180℃烤10分钟左右，曲奇表面呈金黄色即可出炉，冷却后密封保存
4	制作要点	（1）要注意各种原料的性质、选择，干湿原料的配比要均衡。 （2）注意制作过程中工艺关键点的控制。 （3）粉类注意过筛，去掉杂质。 （4）烤箱要预热，达到理想温度

七、冷冻类西点制作

冷冻类西点是以糖、牛奶、鸡蛋、乳制品、凝胶剂等为主要原料制作的一类需冷冻后食用的甜食总称。它以甜酸适度、凉爽可口、细腻光滑、入口即化而深受广大消费者的喜爱，常见的有果冻、布丁、冰激凌、慕斯、奶昔、苏夫力等，如图17-14所示。

图 17-14　慕斯

下面以慕斯为例，介绍其制作方法。

1. 慕斯的调制

慕斯是将奶油打发后与其他风味的原料混合，加入结力粉、黄油或巧克力等，经过低温冷却后制成的西点，具有可塑性，口感蓬松如绵。慕斯的种类很多，配方不同，调制方法各异，很难用一种方法概括，但一般都有如下规律。

（1）溶化明胶。

（2）将打发物打起。

（3）鲜果打碎，加到打起的打发物中（有巧克力的，将巧克力熔化后与其他配料混合）。

（4）将打发物、风味物质与明胶液混合均匀。

2. 慕斯的成形

慕斯的成形方法有很多种，普遍做法是将其挤到各种容器（如玻璃杯、咖啡杯、小碗、小盘等）中，或挤到装饰过的果皮内。

除此之外，还流行如下一些其他方法。

（1）立体造型法：将调好的慕斯，采用不同的其他原料作为造型原料，使制品整体效果立体化，最常采用的造型原料有巧克力片、起酥面坯、饼干、清蛋糕等。

（2）食品包装法：用其他食品原料制成各式各样的艺术包装品，将慕斯装入其中，然后再配以果汁或鲜水果，可以产生极强的美感和艺术性。此方法大多以巧克力、脆皮饼干面、花色清蛋糕坯等，制成各式各样的食品盒、桶的装饰物，用来盛放慕斯，这样不仅可以增加食品的装饰性，还可以提高食品的营养价值。

（3）模具成形法：利用各种各样的模具，将慕斯挤入或倒入，整形后放入冰箱冷藏数小时取出，使慕斯具有特殊的形状和造型。

3.慕斯的制作

慕斯的制作工艺如表17-13所示。

表17-13　慕斯的制作工艺

序号	制作工艺	具体说明
1	器具准备	案板、搅拌机、电磁炉、不锈钢盆、慕斯圈、抹布等
2	原料准备	（1）坯料：同前文制作戚风蛋糕所需原料。 （2）主料：牛奶200克、白砂糖15克、蛋黄60克、明胶10克、淡奶油300克
3	原料初加工	（1）坯料：按制作戚风蛋糕的方法烤制戚风蛋糕坯。 （2）主料：奶油打发，明胶用少许水溶化，其他原料称量准确
4	慕斯糊调制	（1）将牛奶放入双层盆内隔水加热，加入溶化的明胶搅拌均匀。 （2）蛋黄与白砂糖混合均匀，加入牛奶中，加热至80℃~90℃时关火。 （3）将混合物冷却到40℃左右时，加入打发好的奶油拌匀备用
5	装模	根据成品的需要选择合适的模具，再根据模具的大小切制坯料，坯料应小于模具的大小，在模具底部放上相应的底托，然后放一层坯料，放上1/2的慕斯糊，再放上一层坯料和剩余的1/2慕斯糊，表面抹平即可
6	冷冻储藏	将装好模的慕斯放到冷冻室内冷冻2小时以上
7	装饰	根据使用的需要，将冷冻好的慕斯取出切块，切制时最好将刀加热，以确保切制的慕斯表面光滑、美观，切制好的慕斯表面放上巧克力配件、水果、鲜花等进行装饰
8	随品种变化的主料	（1）巧克力慕斯：未打发淡奶油50克、明胶4克、甜巧克力45克、打发淡奶油150克。 （2）鲜杧果慕斯：鲜杧果泥100克、明胶6克、水6克、糖20克、淡奶油200克。 （3）柳橙慕斯：柳橙汁200克、蛋白50克、明胶10克、糖30克、淡奶油300克

相关链接 ‹

奶油打发的技巧

奶油在烘焙中是一种很常见的食材，分为两大类，一类为动物奶油，另一类为植物奶油。动物奶油就是我们通常所说的淡奶油或稀奶油，它一般是从全脂牛奶中分离出来的天然产品。植物奶油其实就是一种人工合成的奶油，含有很多食品添加剂，并且还有大量的反式脂肪酸，而反式脂肪酸很容易被人体吸收但不易排出体外，对人体有一定的影响，不建议过多食用。

淡奶油买回来以后应最少冷藏12小时，千万不要放在冷冻室，这样会造成淡奶油油水分离，没有办法打发。从冷藏室中取出后，应当立即准备打发，最适宜的打发温度为4℃，但这也不是硬性规定，温度最好可以保持在2℃～10℃。在夏天操作的时候室内一定要开空调，然后准备一盆冷水，将盛放淡奶油的容器放在冷水里进行打发。

1.未打发状态的淡奶油

从冷藏室取出后直接使用，这种状态的淡奶油可以做蛋挞、奶油小方、奶油蛋糕、奶油面包，如下图所示。

未打发状态的淡奶油

2.6分打发状态的淡奶油

淡奶油从冷藏室取出后，加入适量白砂糖，用电动打蛋器的高挡速打发，当淡奶油出现明显纹路时，提起打蛋器头，滴落的淡奶油可以堆叠在表面而不马上消失，但整体淡奶油可以呈现液体流动状态，有点儿像浓稠的酸奶。这种状态的奶油可以做慕斯、提拉米苏、冰激凌，如下图所示。

6分打发状态的淡奶油

3. 7～8分打发状态的淡奶油

当淡奶油打到6分打发状态时，将电动打蛋器调整到低挡速，继续打发，当淡奶油的纹路不再消失，奶油没有流动性的时候就是7～8分打发状态，这时候提起打蛋器会看到奶油呈现出不弯曲的小尖角，这个状态的奶油可以用来抹面、裱花。如下图所示。

7～8分打发状态的淡奶油

4. 10分打发状态的淡奶油

继续低挡速打发淡奶油，这时候能够感觉出淡奶油明显变硬了，也变得粗糙了，这就是10分打发状态，这个状态的奶油可以用来做蛋糕卷的夹馅或者蛋糕的奶油夹层。

5. 油水分离状态

将淡奶油打发到10分打发的状态后再继续打发的话，会看到奶油呈现豆腐渣状态，最后油水分离，这时候的奶油就不能使用了。